東洋天文学史

中村 士 著

SCIENCE PALETTE

丸善出版

# まえがき

 本書は，同じくサイエンス・パレット・シリーズとして刊行された『西洋天文学史』と，姉妹編的な関係になるように意図して書かれました．そのため，『西洋天文学史』と併せて読んでいただければ，天文学の歴史と宇宙観の変遷がより全体的に理解できるでしょう．

 「西洋」は，私たちアジア人がヨーロッパを指す言葉として江戸時代から盛んに使われましたから，その意味するところは明確です．それに対して，「東洋」がどの地域を示すのかは，時代によっても国によっても異なり，かなり曖昧です．ヨーロッパ人が一般に東洋（オリエント）という時には，トルコなどの小アジアから東のユーラシア地域を指すのが一般的で，中国，朝鮮，日本を限定したい場合は，東アジアという呼び名もよく使われます．私たち日本人は，中国，朝鮮，日本が東洋に属するのは当然と思っています．しかし現代中国語では，漢字で書いた「東洋」は中国から見て東の洋上にある国，つまり日本のことだけを指しますので注意が必要です——私も10年ほど前，オリエントの天文学史に関する国際会議を計画した時，漢字でうっかり「東洋天文学史

国際会議」と書いて中国の研究者に指摘され、自分の無知に赤面した記憶があります．ちなみに，中国語でオリエントを意味する漢字は「東方」です．

　従来の書物では，中国天文学，インド天文学，日本天文学などの歴史が個別に論じられ，東洋天文学史というとむしろ日本を入れないのが普通でした（過去に「東洋天文学史」と題した本も出ていますが，これはおもに古代中国の天文学史を扱った本です）．しかし，日本が東洋の一部であることは明らかです．日本の天文学研究のレベルは，今でこそ先進諸国と肩を並べて互角に競争できるまでに成長しました．しかし，明治期以前の日本天文学は，近世以前はほぼ中国と朝鮮の天文学そのものであり，江戸中期からは西洋天文学から大きな影響を受けました．私たちの先祖は，海外の天文学研究の成果を受け入れ，理解するだけでほとんど精一杯だったといってよいでしょう．それゆえに，ある新たな天文学の知識や情報が外国から日本に入ってきた際，それがその国ではどのような位置づけにあったのかなどを知る余裕も手段もありませんでした．この傾向は，従来の日本天文学史について述べた多くの書物にも，多かれ少なかれ引き継がれているように思えます．

　そうした歴史的事情を考慮して，本書では，日本天文学と日本以外の東洋の天文学との2部構成にしました．第I部では，古代オリエントとギリシアの天文学，インド天文学，中国，朝鮮および東南アジアの天文学史を概観します．これは，第II部の日本天文学史への背景説明として役立つように意図しました．今までの日本天文学史の本でも，断片的にイ

ンド，中国，朝鮮からの影響はもちろん論じていますが，第Ⅰ部で扱った国々の天文学の通史を先に読めば，日本天文学史にある程度通じた人でも，その見方が違ってくることを期待しています．例えば，最初の日本独自の暦法である貞享暦(じょうきょうれき)を提案した渋川春海は，中国の授時暦(じゅじれき)を大いに参考にしました．しかし，お隣の朝鮮ではいつの時代に授時暦がどのように扱われていたかを知ることによって，戦前の国粋主義のような狭い視野で渋川春海の業績を評価することもなくなるでしょう．また，17世紀半ばに李氏朝鮮で製作された天文時計のことを知れば，江戸のモノづくりは世界一などという，幼稚で一人よがりな見方ではない公平な判断ができるはずです．

　繰り返しになりますが，本書は，アジアの天文学史という文脈の中に日本天文学の歴史を位置づけることを目指した新しい試みです．そのために，あえて曖昧な『東洋天文学史』というタイトルにしました．「東洋」を日本語として読めばオリエントの天文学史であり，中国語として見れば日本天文学史にもなるとういう二重の意味を込めています．本書によって，読者の皆さんには，日本の天文学を誕生・発展させたさまざまな歴史的要素を，少しでも感じ取っていただければ幸いです．

　2014 年 9 月

中村　士(つこう)

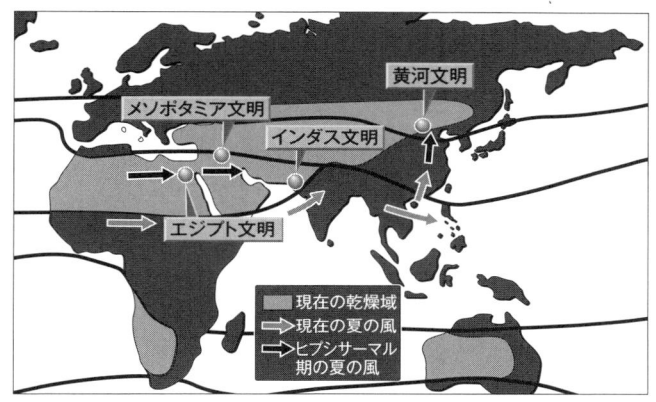

**図1** ヒプシサーマル期および現在の赤道西風と古代文明発祥の地との関係．鈴木秀夫による図（1978年）を簡略化．

することはできないが，最近のスーパーコンピュータによるシミュレーション計算でも，約5000年前を境にして，四大古代文明の地では強い乾燥化が起きたことが示されている．

### 天文学の起源

上に述べた，気候の寒冷化と乾燥化に伴って都市革命が起こり，四大古代文明が始まったという説は，地理学者の鈴木秀夫氏が1970年代に提唱した説であるが，じつは天文学の誕生もこの寒冷化と乾燥化に密接に関連していると考えられる．モンスーンによって起きる日本の梅雨時を想像してみればわかるとおり，雨の多い曇りがちで湿潤な天候では，空に太陽，月，星々を見る機会も少なく，人々は天体にあまり関心を持つこともなかっただろう．しかし，大気が寒冷化し乾

活のためではない，知的職業，学問，芸術などに従事するようになった（「都市革命」と呼ばれる）．

**赤道西風**

ただし，上に述べた寒冷化と乾燥化は，ユーラシア大陸の全域で起こったわけではない．同じ大河の流域でも，寒冷化と乾燥化が起こらなかった地域もあった．その理由は，「赤道西風」という名の，ほぼ赤道に沿って吹く非常に湿った地球規模の風が，寒冷化と乾燥化に大きく関係していたからである——この風は第二次世界大戦の最中に発見された．赤道西風自体は夏のモンスーンとして多くの雨をアジアにもたらすが，赤道西風の北側が雨の降らない乾燥地帯になるのである．

約5000年前より昔には，赤道西風は現在のサハラ砂漠あたりの緯度に位置していたから，降雨のためにサハラ砂漠は草原や森林に覆われていたほどだった．ところが，4000〜5000年前頃になると，この赤道西風はなぜか南に移動してしまう．そのために，赤道西風の影響を直接受けたサハラ地方は完全な砂漠と化し，ほかの地域でも赤道西風の北側は強い乾燥化が生じたのである．図1は，ヒプシサーマル期および現在の赤道西風の流れを，現在の乾燥地帯と対比させて描いた図である．赤道西風が南に移動した結果，四大古代文明の地域はいずれも，雨が少ない乾燥地帯に変化してしまったことがわかる．また，大河であっても例えばガンジス川，メコン川，長江などは乾燥化の影響を受けなかったことも見てとれる．赤道西風が南下した原因はかなり複雑で簡単に説明

もかかわらず，四大古代文明の地で，約4000〜5000年前というほぼ同じ時期に，申し合わせたように最初の文明が興り，天文学も同じように誕生したことは偶然とは思えない．何か共通な原因があったとみなすほうが自然であろう．以下では，その原因と考えられる有力な説の一つを紹介しよう．

文明誕生以前の人類は，自然に生える穀類の植物や樹木の実を採取し，また，食用の獣を狩猟しながら各地を転々と移動して，決まった場所に定住することはなかった．ところが今から1万年ほど前に，ほぼ周期的に訪れる氷河期の最後の時代が終わり[*1]，ヒプシサーマル期と名付けられた高温の時期（年間平均気温が現在より2〜3℃高かった）が数千年続くようになった．この氷河期の終わりと時を同じくして，イラン高原から地中海東岸に及ぶ西アジアの地域では，定住して穀物農業を行い，野生動物を家畜化した牧畜が始まった．この革命的ともいえる新しい生産農業の形態は，徐々に周辺の地域にも伝播していく（「農業革命」という）．

ところが約4000〜5000年前になると，気候の寒冷化，乾燥化が始まった．雨が降らなくなったために，ヒプシサーマル期にはどこでもできた作物の生育が困難になり，多くの人々は水を求めて大河のほとり，つまり四大文明の発祥の地域に逃げ込んだ．その結果，増加した人口を背景に，大河の水を利用する大規模な灌漑農業が発達した．このような大規模事業は，強大な権力を持つ支配者がいて初めて可能になる．収穫効率の高い生産農業が行われるようになると，農業生産などの肉体労働に従事しなくてよい人々，王族，宮廷役人，神官，知識階級などが生まれ，彼らは都市に居住し，生

# 第I部
## 第1章
# 古代オリエント・ギリシアの天文学

　天文学とは，惑星や星々などの天体と，宇宙についての知識を集大成した学問である．一方，宇宙に対するものの見方，考え方は「宇宙観」と呼ばれる．天文学の原型は，いつ頃生まれたのだろうか．それは，今から約4000〜5000年前のことで，実際，天文学は人類史上，最古の学問の一つだったのである．

### 古代文明の誕生
　代表的な古代文明は，エジプト，メソポタミア，インダス，および黄河の文明である．四大古代文明と呼ぶこともある．いずれもナイル川，チグリス・ユーフラテス川，インダス川，黄河という大河の流域で誕生し発達した．
　それぞれの古代文明は，地図を見ればわかるように互いに数千キロメートル以上離れているから，少なくとも文明の初期の時代には文化的な交流はなかったと考えられる．それに

／『ラランデ天文書』／麻田派天文学者の観測儀器／浅草天文台／伊能忠敬の入門／女性天文学者第 1 号／兄弟天文学者／民間の天文学

## エピローグ　天文学の明治近代化　193

　　木村栄の Z 項／平山清次と小惑星の族／東京天文台の三鷹移転

謝　　辞　201
参考文献　203
図の出典　205
用 語 集　207
索　　引　213

象列次分野之図」／世宗大王時代の天文学／西洋の影響を受けた星図／日時計の伝統／インドネシアの天文学／ヨーロッパ人が目にした南海の星々／星と太陽による季節暦／イスラムの太陰暦／バリ島の暦／近代的天文学へ

［コラム1］インドネシアのボスカ天文台と宮地政司

## 第Ⅱ部

### 5 古代・中世の日本天文学　　97

環状列石遺跡と古代人の宇宙観／奈良地方の古墳天井星図／中国天文学の伝来／陰陽寮／『日本書紀』の信ぴょう性／日本で使われた暦法と暦／日曜日の起源／『日本国見在書目録』／平安時代・中世の人々の天文観／「格子月進図」／インドからの影響──宿曜道，符天暦

### 6 南蛮天文学と鎖国　　117

最古の仮名暦，三島暦／南蛮人の来航／『元和航海書』／宣教師による南蛮天文学の教育／『乾坤弁説』／長崎の南蛮流天文家

### 7 科学的天文学の始まり：渋川春海と将軍吉宗　　135

望遠鏡の伝来／望遠鏡の発明と天体観測／禁書令／『天経或問』／宣明暦／渋川春海／授時暦／大和暦と貞享暦／科学的天文学の始まり／春海の宇宙観／将軍徳川吉宗／吉宗の出自と性格／天文暦学への関心／二人の科学顧問／吉宗の天文学／吉宗が作らせた天体望遠鏡

［コラム2］望遠鏡を初めてのぞいたアジア人は？
［コラム3］冬至観測と渋川春海

### 8 西洋天文学の導入と江戸天文学の発展　　167

吉宗の改暦への執念／失敗に終わった宝暦の改暦／蘭学の起こり／オランダ通詞が紹介した地動説／麻田剛立／高橋至時と間重富／『暦象考成』と『暦象考成 後編』／寛政の改暦

# 目　次

### 第I部

**1　古代オリエント・ギリシアの天文学　1**

古代文明の誕生／赤道西風／天文学の起源／古代エジプトの天文学／バビロニアの天文学／星座のふるさと／古代ギリシアの天文学／同心球宇宙モデル／離心円・周転円／ヒッパルコス／トレミー

**2　インドの天文学　23**

ヴェーダ時代／バビロニア天文学の影響／ギリシア天文学からの影響／インドの10進法とゼロの発見／三角法／アールヤバティーヤ／インド天文学とアラビア天文学／観測装置，天文台／占星術

**3　中国の天文学　41**

殷墟と甲骨文，『殷暦譜』／二十四節気の起こり／甲骨文に現れた気候変動と中国天文学の誕生／中国の暦思想と改暦／二十八宿／古代中国の宇宙モデル／虞喜と歳差／中国の星座と星図／天文観測装置／中国の代表的暦法と暦／鄭和の南海遠征と航海天文学／宣教師がもたらした西洋天文学

**4　韓国，東南アジアの天文学　71**

高句麗時代の天文学／古代の天文台／古代の天文記録／「天

燥化すると，澄んだ夜空に，月，星々が毎晩のように見えるようになる．そして，少し注意深い者は，それら天体の運行や月の満ち欠けに何らかの規則性があることに自然に気付いたはずだ．まず，すべての天体は東の地平線から昇り，西の地平線に沈むことが1日の周期で起こることを知る．この動きに伴って，月と惑星は東の地平線からの出が毎日少しずつ遅くなるから，これら天体は星々の間をゆっくり西から東に向かって周期的に移動していることも認識するようになる．こうした天体の運動を数学的に捉えてみようという考えが起これば，それがすなわち，科学としての「天文学の誕生」である．

ところで人類は，太陽の運行に基づく季節変化と農業生産との関係には，もっと以前から気付いていたに違いない．寒冷化し乾燥化が進むと，農作物の成長は季節に強く依存するようになる．適切な時期に灌漑によって水をやり，肥料を与えないと農作物は順調に生育しないから，水や肥料をいつの季節に施すかが重要な問題になる．寒冷化と乾燥化の時代になって古代人は，農業における播種，生育，収穫の時期と，太陽の運行による季節の推移との間に明確な相関があることを悟ったはずである——このような経験則を，農業暦，自然暦と呼ぶこともある．

また，古代の支配者は，その権力と国土を維持するために収穫効率の高い計画農業を当然求めたに違いない．そのために，支配者に仕える神官や学者たちに，農業と関係の深い太陽と月の運行規則や周期を調べるように命じたことだろう．

一方で，この太陽と月の運行規則を把握することは，日を

数える「暦」も誕生させた．古代権力者にとって暦は，祭礼・神事などの儀式を執り行うためと，歴史上の記録を記述するためにぜひ必要だった．アジアでは特に，皇帝や王が"人民に暦を授ける"という政治思想が古代から強かったが，これは権力者が暦を独占することが非常に重要な支配手段の一つだったからである．

　以上のように見てくると，約 4000〜5000 年前に起こった赤道西風の南への移動と，大河の流域で各々の都市文明がほぼ同じ頃に誕生したことが，単なる偶然の一致とは考えにくいことを理解していただけると思う．それとともに，四大古代文明の地で，いずれも申し合わせたように同じ時代，4000〜5000 年前に天文学が生まれ発達したことも，自然な帰結として説明できるのである[*2]．

## 古代エジプトの天文学

　本書はインドから東の，東洋[*3]の天文学史について紹介することが目的であるが，東洋の天文学は古代オリエントとギリシアの天文学から大きな影響を受けている．そのため，古代オリエントと地中海東岸の世界で生まれた天文学について，まず次章への背景として簡単にまとめておこう．

　古代エジプト文明は，メソポタミア文明と並んで，世界史上最も古い．エジプトの初期の王朝が成立したのは紀元前（BC）3000〜2800 年頃である．ナイル川は周囲を砂漠と高地，および地中海で囲まれていて，文明が栄えたナイル川流域は，長さ約 1000 キロメートル，幅 30 キロメートルという細長い地域だった．このように比較的孤立した地域だったた

め，数千年にわたって独自の高度な文明を発達させることができた．

初期の古代エジプト人は，太陽や月を人格を持った神と考えた．太陽・月が星々をちりばめた天球上を運行するのは，この二人の神がナイル川に見立てた天空の河を船に乗って渡る姿と考えた．このような宇宙観からわかるように，この時代のエジプト天文学は，科学的な天文学が生まれる前の神話の世界に近かった．

エジプト文明を象徴する建造物は，巨大なピラミッドである．ピラミッドはBC2700〜1700年の期間におもにナイル川の西岸に造られた．特にギザ地方にある巨大な三大ピラミッドは，BC2500年の前後約200年間に建造されたと推定される．これらピラミッドの大部分は四角錐の形をしているが，その底辺部がほぼ正確に南北を向いていることは，19世紀初頭からヨーロッパ人の測量によって知られていた．現在私たちは，北の方角を知るのに北極星を使うのが普通である．しかし，ピラミッドが建設された4500〜4000年前の時代には，「歳差」[*4]という現象のために，現在の北極星は天の北極の方向から大きくずれていた．そのため，北極星を使わずに，どうやって正確な北の方向を決定できたのかは大きな謎だった．

最近，英国のエジプト考古学者ケイト・スペンスは，過去に正確に測定された10個ほどの方位測定値を調べ直した．そして，ピラミッドの方位角は時代とともに系統的に少しずつずれていることに気付いた．ずれの量は，角度で10〜20分というわずかな値である．この系統的なずれを説明するた

めにスペンスは，当時のエジプト人は，おおぐま座のミザールとこぐま座のコカブという2星を結ぶ線分上に天の北極が常に位置すると信じて，この線分が地平線に対して直角になった時を利用して真北の方向を決めていたという説を提案した．しかし実際には，歳差現象のために天の北極はこの線分上から徐々に逃げてゆくので，その結果としてエジプト人の決めたピラミッドの方位は時代とともに系統的に真北からずれていたのである．今ではスペンスの説は広く認められているが，ピラミッドの建設者が，ミザールとコカブを結ぶ線分が地平線に対して直角になった瞬間をどのような方法で知ったかは明らかではない．にもかかわらず，古代エジプトに角度の数分という精密な測定ができた天文学的方法が存在したことは確実で，これはピラミッドという巨大な石造建造物を造り上げた建築技術と並んで，驚異的というほかはない．

　古代エジプトの天文学がずっと後世にまで影響を残した最大の遺産は，私たちが現在も使用しているカレンダー，太陽暦である．初期のエジプトの1年は365日で，30日を1か月とする12か月と端数の5日（エパゴメンと称した）からなっていた．この12か月は三つの季節にも分割されており，太陽が天球上を1周する周期を観測したのではなく，先に述べた自然暦，農業暦を元に作られたらしい．真の1年の長さは365日と約4分の1だから，このエジプト年の月は季節と少しずつずれてゆく欠点があった（移動年と呼ぶ）．

　後期の王朝の時代になって，おおいぬ座のいちばん明るい星，シリウスが日出直前に地平線から昇ってくる現象（ヒライアカルの出没という）を観測して，1年の長さを決め，

365日と4分の1（365.25日）という値を得た．これをシリウス年と呼んだ（エジプトの言葉ではソチス年）．このヒライアカルの出没は，その当時，毎年起こるナイル川の洪水の時期と一致していた．ナイル川の洪水は，上流から運ばれた肥沃な土壌を下流域に氾濫させ，水が引いた後の播種に非常に有用だった．そのため，ナイル川の洪水とともに起こるシリウスの出は，エジプト太陽暦の新年の月を知らせる重要な天文現象として尊ばれた．しかし，前に述べた歳差のために，現在ではシリウスの出とナイル川の洪水は同じ時期には起きないことに注意してほしい．

その後，BC47年の"ナイルの戦い"で，ユリウス・カエサルが率いるローマ軍により，エジプトのプトレマイオス王朝は滅んだ．カエサルはエジプト人が使用していたシリウス年の太陽暦が優れていることを認め，BC45年1月1日から，「ユリウス暦」としてローマ領で使用を開始した．ユリウス暦は，4年ごとに1年を366日とする閏年を置くことはよく知られている．しかし，シリウス年の長さも正確な1年の長さ（平均太陽年）とは若干の違いがあったので，西暦1582年になって，より精密な「グレゴリオ暦」と名付けられた太陽暦に改められた．これが現在，私たちが使っている太陽暦カレンダーである．

### バビロニアの天文学

チグリス川とユーフラテス川に挟まれたデルタ地帯のメソポタミアは現在のイラクにあたり，エジプトと同じく最古の古代文明が興った地域である．BC3000年頃からシュメール

人が最初の都市文明を築き，その後バビロニア，アッシリアという王朝がBC7世紀にかけて続いてゆく．キリスト教「旧約聖書」の創世記に語られる天地創造，すなわち光から始まって6日間で順次世界が創られる物語は，バビロニアの宇宙観が元になっている．

メソポタミア文明の大きな特徴は，科学と技術の面に秀でていた点である．代数学の方法が発達し，数の計算は私たちが普通に使う10進法ではなく60進法を用いた．この60進法の影響は現在でも，時間と角度における分と秒の数え方に残っている．彼らは，60進法による計算や文書を，手のひらほどの粘土板の上に楔形文字で記録した．メソポタミアで科学的な天文学が盛んになるのは，アッシリアの時代からである．それ以前から組織的に観測し続けてきた天文現象の記録に基づき，BC700年頃から数理的な天文学を発達させた．

メソポタミアの暦は，古代中国などと同じく太陰太陽暦と呼ばれる．月の満ち欠けの周期（朔望月といい，現在の平均値は29.5306日）と平均太陽年の周期（365.2422日）を長年月の観測から精密に決め，その両方を考慮して暦を作った．太陽年の日数は朔望月の日数の倍数になっていないから，1か月が29日か30日の暦を使い続けると，端数が積み重なって，暦の上での季節と実際の季節とがずれてくる．これを修正するため，数年に1回，余分な1か月を挿入した．この調整のための月が閏月である．メソポタミアではBC9世紀頃には，19太陽年の間に7回の閏月を入れればよいという法則（十九年七閏の法）がすでに確立されていた[*5]．

バビロニアの天文学者は，太陽，月，惑星の出没や衝[*6]，

逆行現象（惑星が一時的に東から西へ動く）などに最も大きな関心を抱いて観測を続けた．その結果，これら天体の位置と動きの変化を特殊な関数形で近似して表し，太陽，月，5惑星の出没や衝の日時を精密に予測できる天文表を作り上げた．また，「サロス周期」と呼ばれる日食・月食が起こる周期についても，早くから知っていた．このように，代数学的に天文現象を捉えるやり方は，後の章で述べる中国天文学の方法によく似ている．

### 星座のふるさと

　まとまった一連の星々を星座というが，星座の概念が最も早く生まれたのもメソポタミアの地だった（図2）．太陽が天球上を動く道筋のことを「黄道」という．月も惑星も黄道に沿った帯状の部分を運行する．バビロニアではすでにBC14世紀頃から，この黄道帯に沿って，おうし座，しし座など，星座の原型がすでに形づくられていた．そして，ペルシア支配下のBC5世紀頃には，黄道帯（獣帯と呼ぶ）を12個の星座に分割した黄道12宮星座がほぼ完成していた．この12宮獣帯星座は天体の位置の目印，つまり，太陽や惑星がこの獣帯のどこにいるかを天文表を用いて計算し，それによって国家や専制君主の運命を占う「宿命占星術」の目的におもに使用されたようである．

### 古代ギリシアの天文学

　古代ギリシア人が二千数百年も前に生み出した天文学と宇宙観は，後世の時代，東洋天文学から現代の天文学に至るま

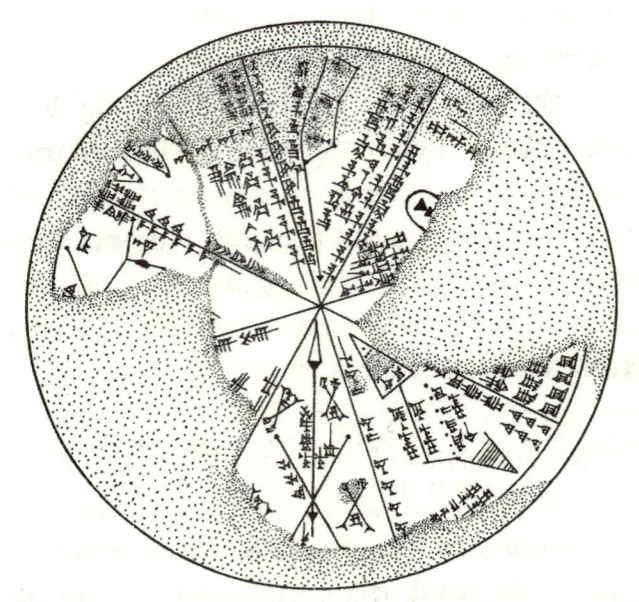

**図2** アッシリアの最後の王，アッシュウールバニパルによるニネベの図書館に所蔵されていた粘土板星座図の断片（BC7世紀中頃）．空は扇形に8分割されていて，星々を線で結んで星座を表し，楔形文字の説明がある．下端のシリウス星（槍印）から反時計回りに，ペガサス座，アンドロメダ座，おひつじ座，プレアデス，などを示すと解釈されている．

で大きな影響を残している．そこで，この節では，後の章に関係するおもだったものを簡単にまとめておこう．

BC8世紀のギリシア詩人ヘシオドスが，労働の尊さをたたえた作品『労働と日々』には，プレアデス星団，シリウス星，オリオン座などのヒライアカルの出没が農作業，播種・収穫，安全な航海の目安として記されている．しかしこれ

は，ほかの古代文明にも共通する，経験的な農業暦に過ぎず，まだ科学的な天文学が生まれる段階ではなかった．

科学的なギリシア宇宙観と呼べる最初のものは，BC5世紀の数学者集団，ピタゴラス学派の人々が考え出した宇宙である．彼らは，宇宙の構造と運動は，幾何学的に最も優美な図形である円や球で表現されるべきだと信じていた．また，こんな初期の時代に，星々の日周運動は天が実際に回転するのではなく，大地が球体で自転しているための見かけの運動に過ぎない，と見破っていた学者もいたほどだった．

**同心球宇宙モデル**

最初の数理的な宇宙構造説は，ユードクソスがBC4世紀に提案し，次いでアリストテレスが発展させた「同心球宇宙」である．この宇宙では全体の中心に静止した地球があり，これと中心を共有する数多くの天球が取り巻いている（図3）．太陽，月，惑星，恒星は各々，この天球の一つに乗ったまま天球が一つの軸の周りに回転する．また，この軸は，図からわかるように，すぐ内側の天球に固定されている．

いちばん外側の天球は星々が乗った恒星天である．この天球を1日に1回転させると（日周運動），隣合う天球同士は軸で互いに固定されているので，恒星天球より内側のすべての天球上にある天体も，恒星と一緒に回転してしまう．しかし実際には，例えば月は約1か月で，太陽は1年で天を1周するから，これらの動きを正しく表現するためには，恒星天と同じ速度で逆向きに回転する別の天球を考え，恒星天の回

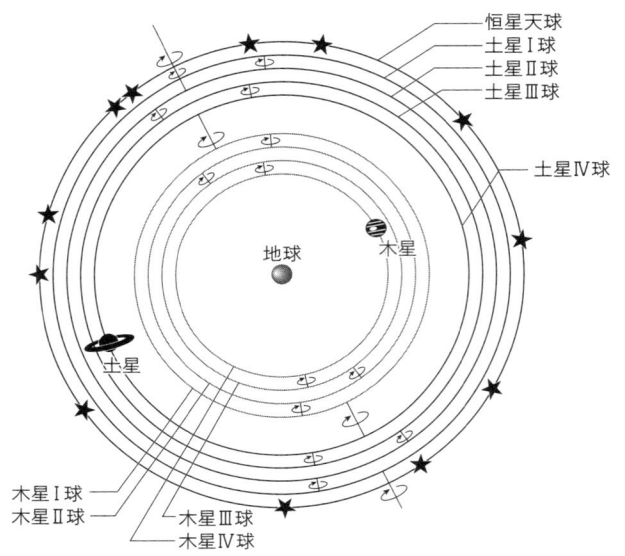

**図3** ユードクソスの考えに基づいた「同心球宇宙」．この図では省略しているが，木星より内側の火星，金星，水星にも，それぞれ4個の同心天球が存在し，合計で27個もの天球からなる複雑な構造だった．

転をいったん打ち消してやる必要がある．また，地球の赤道を天に投影した天の赤道と，太陽が運行する道筋である黄道とは約23.5度傾いているから，両者の回転軸も同じ角度だけずれていなければならない．以上のような理由で，当時知られていた5個の惑星の各々に，それぞれ4個の回転する天球を割り当てる必要があった．その結果，ユードクソスの同心球宇宙では，太陽・月も含めて合計で27個もの天球が必要とされたのである．このように同心球宇宙は，直観では想

像しにくいきわめて複雑な構造を持つ宇宙であるが，その背景には，後にユークリッドの『幾何学原論』などを生み出した古代ギリシアの高度な数学的伝統があったからと考えられる．

　ユードクソス自身は，宇宙が実際に同心球のような構造をしていると考えたわけではない．天球上の太陽や惑星の動きを見かけ上説明するための数学的なモデルとして提案したのである．それに対して，哲学者プラトンのもとでユードクソスとともに学んだアリストテレス（BC384〜322）は，宇宙は本当に図3に示したような機械的構造を持って形づくられていると主張した．各天球は，水晶のような透明固体でできていると考えた．

　さらに，アリストテレスは，月より上の天上界と人間の住む地上界とを明確に区別した．天上界での運動は天球の回転に代表される一様な円運動で，この運動は永遠に持続する．一方，地上界における自然な運動は，地球の中心に向かうか離れるかの直線運動である．地上の物質は，火，空気，水，土という4元素からできているのに対して，天上界の天体と空間はエーテルと呼ばれた想像上の理想的な物質で満たされていると信じた．この古代ギリシアの大哲学者アリストテレスの自然哲学は，ローマ時代からイスラム世界，中世のラテン世界を通じて長い間支配的な世界観・宇宙観となり，近代科学が誕生するのに大きな妨げとなった——コペルニクスが1584年に「太陽中心説」（地動説）を発表するまで，じつに19世紀もの歳月を要したのである．

第1章　古代オリエント・ギリシアの天文学

## 離心円・周転円

　ユードクソス・アリストテレスの同心球宇宙によって，天球上の惑星や恒星の全体的な動きはほぼ表現できるようになったが，現実とは合わない点もいくつかあった．金星や火星は，天空上の位置によって明るさが大きく変化することは昔から知られていた．これは，灯火が遠方にあると暗く見えるのと同じく，惑星も地球に近い時が明るく，遠ざかると暗くなるためと考えられた．惑星が最も明るくなるのは「衝」の前後で，この時，惑星が天球上を移動する見かけの動きもいちばん速い．しかし，同心球宇宙では地球と惑星との距離は常に一定であるから，惑星の光度変化と運行速度の変動はうまく説明できなかった．

　そこで，惑星の光度変化，つまり惑星までの距離を変化させる目的で最初に考案されたのが「離心円」モデルである（図4）．ギリシア天文学では，中心天体（地球）の周囲を惑星が一様な速さで円運動をすることがいちばんの基本であり，同心球宇宙モデルもこの原則に従っている．しかし，これでは惑星の光度と運行の変化は説明できないため，地球を円の中心から少しはずれた点（E）に移した．すると今度は地球と円周上を動く惑星とは距離が変化するので，明るさも変化するし，地球にいちばん近い場所（近地点という）では，惑星は見かけ上最も速く移動することになる．太陽も天球上を一様な速さで動くわけではなく，速くなったり遅くなったりするが，この太陽の運動を離心円モデルではうまく説明できた．

　ところが，惑星の動きはうまく表せなかった．火星などは

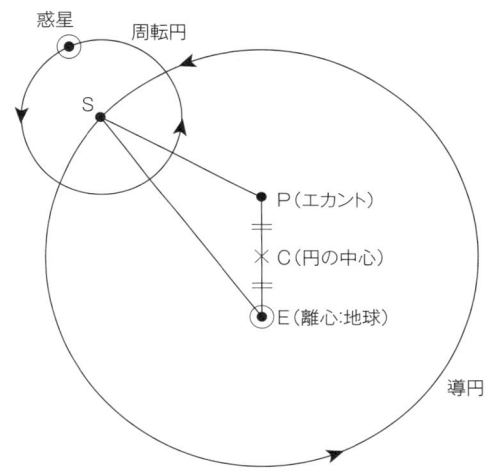

**図4** 一様円運動と離心円，周転円と導円，エカントとの関係．

通常，星々の間を西から東に向かって移動しているが，1〜2か月間だけ逆向きに運動する時期が時々起こる．この逆行運動は離心円では説明できない．また，離心円モデルでは，惑星が最も明るくなる衝の方向が天球上の決まった方向になってしまうが，実際の惑星では，衝は天球上のどの方向でも起こるのだった．これらの欠点を解決するために考え出されたのが，次に述べる周転円・導円モデルである．

このモデルでは，惑星は地球を中心とする円周上を動くのではなく，図4のように，「周転円」と名付けられた小円上を一様に回転し，この周転円の中心（図4のS）が大きな円（「導円」）の上を一定速度で回るのである．こうすると，惑

星が周転円の中心と地球とを結ぶ線分上付近にきた衝の時には，惑星は周転円の中心の動きとは反対向きに動くので，見かけ上逆行運動を起こせることになるし，この時は距離もいちばん近いから惑星は最も明るく見えることになる．また，周転円・導円モデルでは，衝の方向は天球上のどこでも起こりうることも図4から理解できると思う．この優れたアイデアは，円錐曲線[*7]の研究で有名な数学者アポロニウスがBC3世紀中頃に考え出したとされている．ギリシアの周転円・導円モデルは，ケプラーが1609年に惑星軌道の真の形は楕円であることを発見するまで，惑星運動の基本法則として西洋でも東洋でも使用され続けたのである．

## ヒッパルコス

　上に述べた離心円および周転円・導円モデルがいかに優れた理論だったとしても，それで太陽，月，惑星の実際の運動を説明するためには，これら天体の天文観測データがなければならない．精密な天文観測を40年間も行い，数々の発見をしてギリシア最大の天文学者と称えられたのが，ヒッパルコス（BC190〜125頃）だった．

　BC4世紀後半から，ギリシアの学問の中心地はアテネなどギリシア本土から，アレクサンドロス大王がナイル川の西側に建設したアレキサンドリア市に移っていた．このアレキサンドリア領だったロードス島で，ヒッパルコスは渾天儀[*8]などの観測装置を使用して長年天文観測を実施したのである．離心円運動を太陽の観測データにあてはめて，太陽軌道が円からずれている度合い（離心率）を決定した．それによ

って，精密な位置の予測ができる太陽運行表を作成した．天球上を月が運動する道筋（白道）の面が黄道に対して約5度傾いていることを知り，両者の交点がゆっくり回転することを発見した．この発見のために，ギリシアだけでなく古代バビロニアの日食・月食の観測も広く利用した．天球上の恒星の位置観測を昔の観測と比較することで，赤道と黄道の交点（春分点と秋分点）から測った恒星の座標値がゆっくり変化することも見つけた．これが「歳差」の発見で，彼は地球の自転軸が黄道面に対してコマの首ふり運動と同様な運動をしていると正しく解釈した．

BC131年，ヒッパルコスはさそり座の中の何もなかった場所に，突然明るい星が輝き出すのを目撃した．「新星」の出現である．この新星は1年ほどで消えていったが，この現象は，"恒星界はまったく変化しない永遠不滅の世界である"とするアリストテレスの教えに反する事例だった．そのため，ヒッパルコスは，今後も起こるかもしれない新星現象を監視する目的で，数多くの恒星位置の組織的観測を始めたとローマ時代の自然学者プリニウスは記している．その結果，BC129年には約1000個の星を含む星表を完成させたが，残念ながらこの星表は今では失われて現存しない．このように，ヒッパルコスは40年に及ぶ太陽と月，惑星と恒星の観測を通じて，数々の重要な発見を成しとげたのである．

## トレミー

BC47年になると，アレキサンドリア市はカエサルが率いるローマの大軍によって占拠，破壊され，エジプトのプトレ

マイオス王朝は滅亡する．こうした混乱と社会不安の中では芸術や学問を行う余裕などなく，その後約300年もの長い間，天文学の研究が顧みられることもなくなった．

　紀元（AD）2世紀になって，ようやく再建されたアレキサンドリアに，新たに天文学研究を始めた優れた学者が現れた．その人物の名をトレミー（プトレマイオス）[*9]という．ヒッパルコスと同様に天文観測を熱心に行って，地平線近くで天体が真の高度から少し浮き上がって見える「大気差」と呼ばれる新たな現象を発見した．光の特性を調べる実験も試みている．このトレミーの最大の学問的功績は，地球中心説に基づくギリシア天文学の成果を集大成した『アルマゲスト』[*10]と称された著作をAD145年頃に著したことである．

　トレミーは『アルマゲスト』の中で，太陽・月と惑星の観測された動きをうまく表現できる周転円・導円モデルを，太陽軌道の内側にある水星と金星（内惑星）と，火星，木星，土星（外惑星）について，それぞれ別々に述べている．これは，水星と金星は常に太陽からあまり離れない事実を説明する必要があったためだ．トレミーは，惑星の複雑な動きをより精密に表すために，「エカント」と名付けた特別な点も考案した．図4で，エカント点（P）は円の中心（C）を挟んで離心点（E）と対称の位置にある．エカント点から見ると惑星は，惑星の周転円の中心が導円上を見かけ上ほぼ一様な速さで動くような運動をするとトレミーは主張した．このことは，周転円の中心は円周上を一定ではない速さで回転することになり，"等速な円運動の組み合わせで天体の運行を説明する"というギリシア天文学の原則に反することになる．

そのためエカントの導入は,惑星の複雑な動きをそれなりにうまく説明できたのだが,後世のイスラム天文学者や中世ラテン世界の自然哲学者からは強い批判を受けることになった.

『アルマゲスト』には,48星座,1028個の恒星表が収録されている.このアルマゲスト星表は,その後千数百年もの間,改訂されることもなく使用され続けた.私たちが現在使っている星の明るさを示す等級の原形も,すでにアルマゲスト星表に記されている.トレミーは,ヒッパルコスの星表について言及してはいるものの,アルマゲスト星表はアレキサンドリアにおける自分の観測から作成したように述べている.しかし,かなりの数の星々は,ヒッパルコスの観測値に簡単な補正を加えただけで,あたかもトレミーが自分で観測したように見せかけているに過ぎないのではないかという疑いが,近年の多くの研究から出ている.


(＊1)氷河期がほぼ周期的に訪れるのは,「ミランコビッチ・サイクル」と呼ばれる,地球の軌道と自転軸の長期的変動が原因とされる.

(＊2)人類が生産農業の方法を生み出したことが天文学や暦の誕生を促したとする説は,天文学の起源に関して昔から多くの天文学史の本で唱えられてきた.この説は常識的な一般論としては誤りとはいえないが,天文学が生まれた主要な原因の説明としては弱い.なぜなら,この説が正しければ,農業革命が起こった約1万年前にすでに天文学が誕生してよいはずだが,実際はそうではなかった.また,この常識説では,四大古代文明の地で,約4000〜5000年前というほぼ同じ時期に揃って天文学が生まれ発展したという事実をうまく説明できない.

第1章　古代オリエント・ギリシアの天文学

（＊3）ヨーロッパを意味する「西洋」という漢字は，中国語でも日本語でも同じである．そのためか，私たち日本人は，西洋に対応する言葉として，オリエントのことを「東洋」と呼んで何の疑問も持たない．しかし，現代中国語では「東洋」は日本のこと，日本の別称という意味しかないことに注意する必要がある．

（＊4）星々が天を1周する日周運動の中心が天の北極で，地球の自転軸が指す方向でもある．この自転軸の方向が，月と太陽の重力作用によって，コマの首ふり運動のように天球上を約2万6000年の周期でゆっくり1周する現象を「歳差」という．

（＊5）この規則は，ギリシアではメトンがBC433年に発見していて，メトン周期と呼ばれる．

（＊6）「衝」とは，惑星が地球を挟んで太陽の反対側に位置する状態のこと．この時惑星は真夜中に真南に見えて（南中），いちばん明るく輝くので観測の好機になる．

（＊7）円錐曲線とは，円錐を平面で切った時に切口に現れる図形のことで，円，楕円，放物線，双曲線の総称である．

（＊8）地平線，天の赤道，黄道などに見立てた，いくつかの円環を組み合わせた球形の観測装置で，天球上の天体の緯度や経度の値を測定することができる．古代中国でも類似の装置が考案され，「渾天儀」と呼ばれた．

（＊9）トレミーのギリシア語名はプトレマイオスである．しかし，これはアレキサンドリアを統治したプトレマイオス朝の王と同じ呼び名で，同一人物と混同される場合も多い．ここでは，誤解を避けるため英語名のトレミーを用いる．

（＊10）ギリシア語による元の著作名は『数学的集成』だったが，これが後にアラビア語に翻訳された時，偉大なるものを意味する『アルマゲスト』の名で呼ばれるようになった．

# 第2章

# インドの天文学

　インドで最古の文明が興ったのはインド西北部の地域，インダス川の流域である．BC2300年頃から始まりBC1800年頃まで都市文明が栄え，インダス文明と呼ばれる．この地域は長い間，陸路ではメソポタミア，ギリシア・ローマ，イラン方面と結ばれ，海路では東南アジアや遠く中国と交易が行われていた．この古代インダス文明が衰えた後に，中央アジアからアーリア人が侵入してBC1500年頃にはこの地域に定住するようになった．インドにおける最初の天文学の誕生を担ったのは，このアーリア人の子孫と考えられる．以下では，インド古代天文学史の研究者，米国のピングリーが示した時代区分に従って，インド天文学の発展を見てゆこう．

　なお，お椀を伏せたような形の大地を3頭の象が下から支え，これらの象は巨大な亀の上に乗っており，この亀を大蛇が包み込んでいるような図が，通俗的な古代インドの宇宙観として，従来はしばしば紹介されてきた．これは，神話や民

族学的伝承としては意味があるのだろうが,多少とも科学的要素を含む天文学の歴史とは関係ないから,本書では扱わない.また,仏教系の宇宙観としてよく知られた須弥山宇宙については,中国天文学のところで簡単に触れる.

**ヴェーダ時代**

ヴェーダとは,アーリア人たちが自然現象を神の存在の証しとみなして崇拝し,それら神々をたたえるための賛歌と儀礼について詳細に記した,一種の宗教書群である.最古の書『リグ・ヴェーダ』の主要部分は,BC1200〜1000 年頃に成立したと推定される.古代インドのサンスクリット語(梵語)で書かれている.BC600 年頃から,ヴェーダは「ヴェーダの補助学」と呼ばれた 6 つの学問分野に分化してくる.文法学や祭儀学と並んで,暦法も補助学の一つになっていった.これはヴェーダの祭礼日を計算したり決定したりするのに,暦に関する知識が必要だったためである.しかし,大まかな季節や 1 か月の概念がみられるだけで,後に影響を受けるバビロニアやギリシアの天文学知識に比較すると,まだ科学的な天文学と呼べるレベルのものではなかった.

この時代に成立したと考えられる天文学的に興味深い対象は,「ナクシャトラ」と呼ばれた星座群である.それぞれ固有の名前を持つ 27 個か 28 個の星宿(星座)からなり,後に占星学において重要な役割をするようになった(古代中国の「二十八宿」と関係があるか否かは次章で触れる).この 27 あるいは 28 という数字が,月が星々の間を運行する周期,27.3 日と関係しているのは疑いないから,このインドの星宿

は，月がどの星宿にいるかを示す目印として考案されたこともほぼ間違いないだろう．しかし，どの星宿がどのような形だったか，現代のどの星座に対応するのかはほとんど不明である——具体的な星座を表しているのではなく，観念的なものだった可能性もあるという．唯一の例外は第一番目の星宿名クリッティカーで，これはプレアデス星団（日本名すばる）のことだと一般に認められている．

### バビロニア天文学の影響

　祭礼の日取りを決める補助学としての暦法書は『ジョーティシャ・ヴェーダーンガ』と呼ばれる．ここに記された暦は，1年を365日として，この5年分が62朔望月（月の満ち欠けの周期）に等しいとしているから，1年が12か月とすれば，2回の余分な月，つまり閏月を置いていることになる．1年を365日とするのは，すでに紹介したエジプトの移動年と同じであり，古代エジプトからの影響があるのかもしれない．

　この暦法書では，1朔望月を30等分した，現代の1日に近い時間の長さの単位（ティティという）が基本的な役割をしている．しかしこの単位は，バビロニアの天体暦で昔使用されていたものと同じであるから，これは明らかにバビロニア天文学からの影響である．またこの暦法書には，昼の長さと夜の長さの，季節による変化が数値で与えられている．それによれば，最も昼間の長い夏至の時の昼の長さと，冬至における最短の昼の時間の比は，3:2であるとしている．この比は，バビロニアの緯度の場合にのみあてはまる数値であ

り，インド人は昼の長さに対する緯度の効果を知らずに，バビロニアの数値をそのまま借用したと考えられる．すなわち，BC400年からAD200年頃の時代には，インド天文学はバビロニアの天文学の影響を強く受けていたことが理解されるのである．

### ギリシア天文学からの影響

　AD3～5世紀に著された書物には，ギリシア天文学からの影響が次第にはっきり現れてくる．例えば，アレキサンドリアでギリシア語で書かれた占星術書を元にして，AD150年頃にサンスクリット語に翻訳されたことが判明した書物がある．その内容は，トレミーによる占星学の書『テトラビブロス』や同時代に書かれた占星術書とよく似ているという．

　この時代の天文学の水準を伝える書物としては，後に6世紀中頃の天文学者ヴァラーハミヒラが編纂した『五大天文学書綱要』があった．当時知られた5冊の天文書の内容を要約したものである．まず，惑星の出没や衝などの天文現象が起こる周期について述べているが，これはバビロニアで行われた計算方法と同じである．ギリシア天文学，ローマ天文学を意味する表題の天文書には，季節変化の周期である太陽年[*1]の精密な値として，365.2467日を与えている．これはヒッパルコスが求めた太陽年の長さと同じだった．また，太陽が星々に対して天を1周する周期，恒星年としては，365.2583日を採用していたが，これもギリシア起源であるという．

　これらの事実から，この時代のインド天文書は，ギリシアで発達した天文学，あるいはギリシアを通じて伝わったバビ

ロニアの天文学に基づいていたことがわかる．しかし，それらをいったんインド天文学として受容してしまった後は，インド人の保守的な伝統も原因して，インド化された天文学を内部で発展させるだけに留まった．

## インドの 10 進法とゼロの発見

　上に見てきたように，古代インド天文学はバビロニアやギリシアの天文学からの影響が強く，28 星宿などの一部の知見を除くと，インド天文学固有の内容は少ないように感じるかもしれない．しかし，天文学の理論や計算に関連して，次に述べる 10 進法，数としてのゼロの発見，三角法の発展と三角関数表の発明は，天文学史上きわめて重要な貢献だった．

　まず，10 進法と数の位取りであるが，この考え方がなかったら非常に大きな数，または逆に非常に小さな数同士の演算，特に掛け算，割り算は難しかったに違いない．これは，漢字における千，万や億，あるいはローマ数字の表記法による，例えば MDCCXXIV 年（M は千，D は 500，C は 100 だから 1724 年を表す）を思い出してもらえばわかるだろう．これらの表記法では，足し算，引き算でさえも少し頭をひねる必要がある．現在私たちが使っている数字記号 1, 2, ……, 9 はアラビア数字と呼ばれる．しかしその元は BC300 年頃までさかのぼるインドの 10 進法数字からきているのである．これに，位取りという規則があれば，わずか 10 種類の数字記号を横に並べるだけで，どんな大きな数も小さな数も表現できるし，計算も簡単に実行できる——なんとすばら

しい発明ではないか．バビロニアでは60進法の位取りで，小数点以下の数字も表現し計算した．60進法は，アレキサンドリアのトレミーも使っていたし，太陽中心説を提唱した16世紀のコペルニクスの著作にさえも，60進法の計算が見られるという．一方，新大陸のマヤ文明では20進法の位取りで計算した．古代中国でも，実際の演算にはマス目を桁の欄に区切ることで位取りを示し，算木を用いて10進法で数の演算を行ったのである．

"数を物の個数と対応させて"考えている限り，"何もない"を意味する「ゼロ」が数の一つであるという発想はなかなか生まれてこなかっただろう．古代インド人は，物の個数という概念を捨てて，数を抽象化して考えることにより，初めて「ゼロ」を発見できたのである．ゼロという数とゼロの記号は，位取り計算で大きな意味を持つ．バビロニアでは非常に進んだ数理天文学を発達させたが，ゼロの概念がなかった．そのため，楔形文字による数の表現は曖昧さが残り，時には混乱を引き起こした．例えば，60進法の表記で $[1\ 4]_{60}$ と書いた時に，これが $1\times 60 + 4$ を表すのか，または $1\times 60^2 + 0\times 60 + 4$ を表すのか，区別できない場合がよく起こったのである．6世紀頃にインドで，ゼロの発見と記号「0」を位取りに取り入れて計算する方法が考案されたおかげで，10進法で表記した $[104]_{10}$ は， $1\times 10^2 + 0\times 10^1 + 4\times 10^0$ を意味することが明確になったのだった．

アレキサンドリアのトレミーはゼロを表す記号として「O」（ギリシア語のオミクロン）を考え出したが，数として

の認識はなかったために演算に使用することもなかった．ほかの民族で，ゼロを位取りと演算に利用したのは，マヤ文明が唯一である．マヤ文字で書かれた碑文を解読して，彼らは長期暦*2 の表現や複雑な計算に，ゼロの記号を含む20進法の位取り計算を行っていたことが明らかになった．

### 三 角 法

現在，三角関数は科学，工学のあらゆる分野で広く使用されており，三角関数の知識がなかったら現代科学技術は起こりえなかったといっても過言ではない．しかし，古代インドにおいては，三角関数は天文学だけに必要な数学的手法だった．天球上の二つの天体が見かけ上どのくらい離れているかは，天体までの距離がわからない以上，観測者と2天体がなす角度という単位で表すほかなかったのである．ちなみに，バビロニアで全円周を360度としたのは，太陽が1か月，約30日かかって一つの黄道12宮星座を通過し，12か月，つまり約360日かかって全天を1周するからだという説があるが，私にはこれが360度の起源の有力な説であるように思われる．

上に述べた『五大天文学書綱要』の中に，「半弦の表」と題する表が載っている天文書があり，これが現代の三角関数表の祖先と考えられている．平面三角形や球面上の三角形において，角度と辺との関係を与える三角法は，アレキサンドリアのヒッパルコス，メネラオス，トレミーらによって基礎が築かれた．彼らは，図5に示すような扇形の中心角 $2\alpha$ と

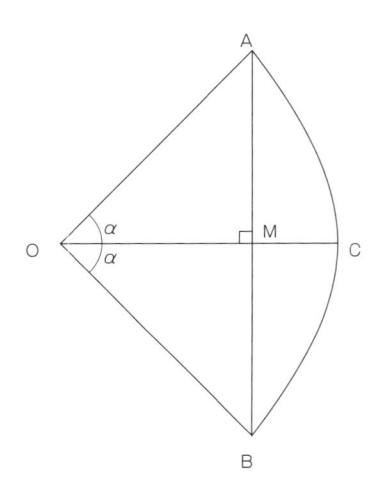

図5 インド天文学で用いられた半弦と正弦関数（サイン）との関係.

弦 AMB の長さとの関係を調べ，表の形で示した．その後，ギリシアの三角法はインドに伝えられたが，インドの天文学者はギリシア人と違って，角度 $\alpha$ と半弦と呼ばれた AM との関係を好んで用いた．現代の三角関数である正弦（Sin）の定義は OA と AM の比であるから，インド天文学者の作った半弦の表は，まさに現代の正弦関数の表に対応していたのである．ただし，表における角度の刻みは直角 90° を 24 等分した 3°45′ になっていて，これはヒッパルコスの伝統を踏襲したものだとされる．このような三角法と正弦表を最初に系統的に使用・研究した学者はアールヤバタ（476〜550頃）で，その著作は『アールヤバティーヤ』の名で知られて

いる．彼は，当時のインドでは一般に異端とされた，地球の自転運動を認めていたとされる．

インド数学・占星術研究者の矢野道雄氏によれば，『アールヤバティーヤ』は簡潔な韻文の形式で書かれており，古代天文学の知識と時代的背景を知らないと，内容を把握するのは難しいという．以下では，矢野氏の翻訳と注釈に従って，『アールヤバティーヤ』の天文学を簡単に紹介してみよう．

## アールヤバティーヤ

『アールヤバティーヤ』の最初の章は，惑星現象を計算するための，種々の天文定数[*3]をまず与えている．惑星が天を運行する速さは，通常は例えば1日に動く角度（平均運動）で示すのが普通だが，これらインド天文書では，非常に長い時間単位（ユガと呼ばれた）に対して，惑星が天を何回転したかで表した．例えば，1太陽年の長さは，1ユガに太陽は4,320,000回転すると表現した．そのほか，この章ではギリシア天文学に基づいて，惑星軌道の大きさと惑星の直径，天の赤道に対して惑星の軌道面が傾斜している角度，太陽と月の遠地点の位置などを解説している．そして最後に，すでに上で述べた「半弦の表」を与えている．

暦法の章では，いくつかの時間単位として，太陽年，朔望月，地球の自転による1日の長さを説明する．これらを元にして，太陰太陽暦において閏月を入れる方法（置閏法という），惑星の平均運動の値から，ギリシアの周転円・導円理論に基づき，天球上の惑星の真の位置を計算する方法を議論している．さらに，天球の章では，天体の見かけの位置を表

すための，天球上の緯度・経度と，天球上の三角法（球面三角法）を述べる．そして，この三角法を基礎にして，天体が地平線から出没する時刻の計算法，日・月食の計算法，視差（距離の近い天体が遠方の天体に対して，位置がずれて見える現象）について説明していた．これらの内容からわかるように，基本的原理や理論はアレキサンドリアのギリシア天文学に基づきながら，古代インドの天文学者は10進数，三角法と正弦関数を駆使して，インド天文学を作り上げていったのである．

## インド天文学とアラビア天文学

アレキサンドリアで発展した輝かしい古代ギリシアの天文学は，ギリシア世界の没落に伴って，いったんはほとんど忘れ去られる．その後，ギリシア天文学を"再発見"して，それを西欧世界に伝達したのは，アラブ世界の人々だったことはよく知られている．7世紀後半から広大なイスラム帝国が建設され，その支配者たちは自領内に古代ギリシア語で記された天文学文献を探し求め，アラビア語に翻訳させた．しかしそれ以前にも，インドやペルシアの天文学の一部がアラブ世界にある程度は伝えられていた．例えば，後世のイスラム文献研究から，『王の天文書』という題名のペルシア語天文書をアラビア人は学んでいたことが知られている．その内容は，古くはBC6世紀頃までさかのぼるインドの天文学であり，この本の後の版では『五大天文学書綱要』からの影響が見てとれるという．これらの事実から，イスラム帝国の支配者がギリシア語の原典を入手しようと努めたのは，インド・

ペルシア天文学を通して,その源はギリシア天文学であることを認識したためである可能性が高い.

しかし,やがてイスラムの人々はギリシア天文学を十分理解し,それを発展させたのに反して,その後長い間インドでは何ら目立った天文学の進展はなかった.古来の伝統に固執し,優れたイスラムの学問を見下す傾向が強かったとされる.そのような一例が歳差の問題である.ヒッパルコスがすでに発見していた歳差という現象を認めず,そのために1太陽年と1恒星年の違いも考慮しないまま,ずっと暦が編纂された.その結果,近世の民間暦では,暦の記載と天文現象とが大幅にずれた例がしばしば見られるそうである.

### 観測装置,天文台

ずっと後世のムガル帝国の時代,17世紀になって遅ればせながらイスラム天文学を理解し,受け容れようとする少数の人々が現れた.その一人はジャイシン王と呼ばれたジャイプールの王で,天文学を庇護し,アラビア語の文献をサンスクリット語に翻訳させた.1732年には,王の命に従ってある天文学者は『アルマゲスト』のサンスクリット語訳を完成させた.また,この王は,ジャイプールのほか数か所に巨大な天文台を建設している.

ここで,インドの天文観測装置と天文台について簡単に見ていこう.ほかの古代文明の場合と同じように,インダス文明においてもごく初期の天文観測装置は,ノーモンと呼ばれる太陽の影を測る垂直の棒と,時間測定のための水時計だった.両者の記述はヴェーダ文献の中にすでに見えている.水

平な面に設置したノーモンの下端を中心にいくつかの同心円を描く（これらの円をインディアン・サークルという）．午前と午後に影の先端が一つの同心円と交わったとする．この二つの交点を結んだ直線が東西方向を表し，これに直角な線が南北方向を示すから，ノーモンによって天文学的に正確な東西南北の方位をまず決めることができる．次に，太陽が真南の子午線上にきた時の影の長さを年間を通して測ることによって，影が最長になる冬至，最短になる夏至の日を決めることができるし，それらの長さから観測地の緯度も求められる．水時計は大きな水差しの底に小孔をあけた簡単な装置で，水の流出によって約半時間の時間を計測できたという．後の時代になると，半球状のお椀の底に小さな穴をあけ，それを水に浮かべて沈むまでの時間を測るタイプの水時計も作られた．

　インドでも観測用の渾天儀が制作された．渾天儀は基本的には，3種のリング，すなわち回転できる赤道環（または黄道環），固定された南北方向の子午環，および地平環からなっている．渾天儀の中心回りに回転できる視準棒（アリダード）で天体をねらい，その方向を渾天儀の各環に刻まれた目盛で読み取った．インド渾天儀が，古代ギリシアの渾天儀の影響下に作られたのは確実だが，興味深いことに，ギリシア渾天儀が天体の天球座標を測るのに黄道環に準拠していたのに対して，インドの渾天儀は赤道環を基準に測定していた（中国の渾天儀も赤道座標に基づいていた）．昔のインド渾天儀の環部は，しばしば竹を曲げて製作された．なかには，黄道環に加えて月の軌道である白道，28星宿を示す環など，

種々の環を次々に付加したため，50もの動く環を備えた渾天儀について記した天文書もあった．このような渾天儀が実際の天文観測に役立ったとは考えられないから，おそらく天体の動きと宇宙の構造とを説明する目的で作られた教育用模型だったのだろう．

アストロラーベと呼ばれる携帯型の天文器具がある（図6）．いわば，現代の星座早見盤の先祖である．この原形もヒッパルコスやトレミーの時代に古代ギリシア世界で発明されていた．通常のものは直径15～30センチメートル程度の金属製円盤で，北極を中心に回転できる円盤星座図がステレオ投影法と称する方法で描かれている．三次元である天球上の星々の位置を，平面の円盤に厳密に投影する数学的方法である．図に示した最上部のリングの部分を手に持って，円盤を垂直に吊るして使用する．星座円盤の周囲には日付と時刻の目盛が刻まれ，太陽やシリウスなど代表的な明るい星の高度や方位角を測って合わせると，その時の時刻を知ることができる．裏面には回転できる視準器（アリダード，ディオプトラ）があり，天体の高度角を測ることができる．特に陸地が見えない大洋では，船の位置を推定したり，夜間の時刻を知るのに，アストロラーベは必須の航海器具でもあった．

アストロラーベはペルシアやアラビアの天文学者によって改良を加えられ，大いに発展した．それがやがて中世ラテン世界に伝えられ，ヨーロッパで近世天文学が誕生する一つのきっかけにもなったのである．アストロラーベがインドに紹介されたのは，14世紀中頃と推定されている．1370年に，アストロラーベについて記したサンスクリット語の著作が初

図6 ペルシアで1223年頃に製作されたアストロラーベ．星座が見える範囲は緯度によって異なるので，緯度10度毎にいくつかの星座円盤を用意して，場所に応じて使い分けた．図でいくつも見えるトゲの先端が明るい恒星を表している．

めて現れた．この本の影響で，北西インドではアストロラーベの使用が広く普及することになったとされる．

　上ですでに簡単に触れたが，ムガル帝国の重臣でジャイプール地方を治めたジャイシン2世（1686〜1743）は科学の愛

好者で,特に天文学はみずから観測・研究も行った.彼が建設した天文台(ジャンタル・マンタルと称する)とその巨大な観測施設は,ジャイプールやデリーなどに修復された状態で現存し,今では誰でも見学できる(図7).東アジア天文学史研究者の宮島一彦氏によれば,ジャイプールの観測装置は,日時計式,渾天儀式,象限儀方式,アストロラーベ様式などさまざまで,18種類を数えるという.最小の装置でも大きさが2~3メートル,最大の物は高さや幅が20メートルにも及び,大部分が石造りである.このように巨大な観測装置群をジャイシンが製作したのは,イスラムの君主で天文学者でもあったウルグ・ベクが15世紀中頃にウズベキスタンのサマルカンドに建設した巨大六分儀などを手本にしたからだとされる.一般に,測定精度を向上させるには,ある程度大きな観測装置が必要なのは確かである.しかし,ジャンタル・マンタルの場合は,系統的な観測研究を目指したというより,広大な敷地にあまり脈絡なく多種類の観測装置を集めたような印象を受ける.ジャイシンは,支配者としての権力を誇示するのがおもな目的で巨大装置を造らせたのではないだろうか.

この後,近代の西洋天文学知識がインドに入ってくると,従来の伝統的インド天文学は急速に衰えていった.

## 占 星 術

占星術[*4]は科学的な天文学の歴史と直接は関係ないが,天文学の応用として派生した文化の一つであり,古代人の生活にとってはずっとこのほうが重要だったと考えられるか

**図7** インドの天文台ジャンタル・マンタル（ジャイプール）

ら，最後にごく簡単にまとめておく．

　古代メソポタミアの地で生まれた占星術も，その後各地へ伝播していった．サンスクリット語では，インド占星術はジョーティシャと呼ばれる．太陽，月，惑星が人間に及ぼす影響をまとめた学問体系だった．最古のインド占星術はヴェーダの時代，BC1200年頃に編纂された『ヴェーダンガ・ジョーティシャ』と呼ぶ書物にまとめられている．太陽，月の運行周期と，28星宿，黄道12宮星座の知識に基づく占星術である．その後近世に至るまで，バビロニア，ギリシア，イスラムの天文学の成果を少しずつ加えながら，2000年以上にわたって数多くの占星術書が執筆，または編纂され続けた．

　インド占星術で占いを行うための天文学的要素は5種類あった．第1は，ティティ（太陰日）と呼ばれ，前半の15日

と後半の15日を合わせた30日である．第2は7曜日で，太陽，月，火星，水星，木星，金星，土星，第3は，すでに述べたナクシャトラ（27星宿）が関係する．第4は少し変わっていて，太陽と月の経度を加えた値（ヨガ）を求め，この数値で占った．第5は，上の7曜日とラフ（Rāhu）とケイト（Ketu）という名の架空の天体を使う．この2天体は現代天文学でいえば，黄道と白道の2交点に相当し，この点の付近でのみ日・月食が起きる．日・月食が起きる原理を知らなかった古代人は，この点に見えない架空の2天体がいて，それらが太陽や月を食べてしまうために日・月食が起きると信じていた．以上述べた5種類の情報を元に，北インドでは，例えば図8に示すようなダイヤグラムを描き，占いを行っていたのである．

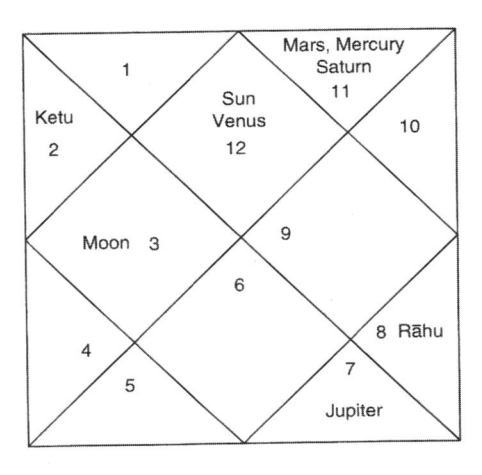

**図8** 誕生日時の天体位置を用いる北インドの占星術盤．Rāhu（ラフ）とKetu（ケイト）は，日・月食を説明するための仮想天体．

第2章 インドの天文学

（＊1）天体の位置を表す天の経度（赤経）は，天の赤道と黄道の交点である「春分点」を起点として測る．太陽が春分点から出発して再び春分点に回帰する周期が太陽年で，そのため「回帰年」ともいう．なお，インド天文書では，小数点以下の数値もバビロニアと同じく60進法で与えているが，ここでは10進法に直してある．

（＊2）マヤ文明でBC1世紀頃から使用された，長期間の日付を特定できる暦で，石の碑文に刻まれていることが多い．187万2000日（約5125年）の周期で最初の日付に戻る．

（＊3）天文定数とは，太陽，月，惑星の運動の平均周期を与える基本的な定数のことである．1太陽年，1恒星年の長さ，各惑星の公転周期などがそれにあたる．天文学では，古代の観測データも利用して，数百年，数千年という非常に長い期間の平均値として精密な天文定数を決定するのが特徴で，これが物理学における精密測定の方法と異なる天文学手法の特徴の一つである．

（＊4）占星術は，2種類に分類する場合が多い．おもにバビロニアで発達した，国家や専制君主の運命を占う占星術を「宿命占星術」と呼ぶ．これに対して，後世の西欧世界で盛んになった，個人の誕生の日時をその時の惑星の配置などに関連させる占星術を「個人占星術」，または「ホロスコープ占星術」という．

# 第3章
# 中国の天文学

　中国の華北に位置する黄河中・下流域の古代文明は，すでに BC4000〜3000 年頃から，黄河がもたらす肥沃な黄土の恩恵を受けて初期の農耕社会を営んでいた．彩色された陶器を特徴とするので彩陶文化とも呼ばれた．中国最古の王朝は殷に滅ぼされた夏王朝であったと，古代中国の歴史書は書いている．しかし，考古学からの具体的証拠がないために，従来から夏王朝は伝説の王朝に過ぎないとされてきた．

## 殷墟と甲骨文，『殷暦譜』
　中国の歴史にはっきり登場する最初の王朝は殷であり，漢代の有名な歴史家，司馬遷の『史記』には殷本紀として記されている．河南省安陽市にある遺跡が 1920 年代に発掘され(殷墟)，殷王朝の首都だったと確認された．一方，この付近では殷墟の発掘以前から，亀の甲羅や牛の肩甲骨に小刀で文字が刻まれた断片が多数出土しており，その文字は「甲骨文

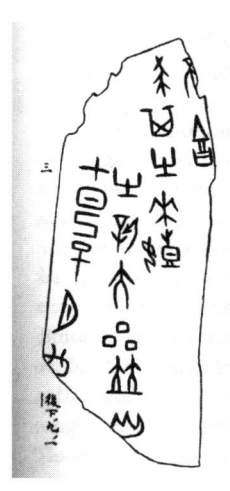

**図9** 殷代の甲骨文に見える最古の新星記録（BC1300年代頃）．この記事は，七日己巳の夕方に，明るい新星が「火」という名の星（さそり座の赤い明るい星アンタレス）と並んで出現し，その後消えた，と解釈されている．新星については，ヒッパルコスの節を，干支については章末の注記（*1）を参照のこと．

字」と呼ばれた．漢字の原形である．それらの解読研究から，甲骨文はおもに為政者が政治を行うための占いの目的に使われ，甲骨に占い文を彫り熱を加えてそのひび割れ状態によって占う，また，占いが当たったか外れたかの結果と解釈も後から書き加えられたことがわかった．占いの内容は干ばつや凶作など天候に関するものが多数あり，暦日や干支(かんし)[*1]とともに日食，月食など天文現象について述べた記事も見られる（図9）．このことから，古代中国ではこの時代以前からすでに初期の天文学が芽生えていたことが推測される[*2]．また，膨大な量の甲骨文の解読から，殷王朝は商という名の

時代も含めて約 BC1600〜1000 年の間続いたことが明らかにされた．

甲骨に刻まれた占い文には，日の干支や月名，殷王の即位何年目と記されたものが多数あることから，何らかの暦が存在したことが予想され，殷の暦法を復元する努力がなされた．その代表的な研究が殷墟の発掘を主宰した董作賓（とうさくひん）による『殷暦譜（いんれきふ）』（1948 年）である．まず，甲骨文の月名は一，二，三，……，十二という順序数で記されているが，なかには十三月という記載もあった．これはバビロニア天文学の章で述べた太陰太陽暦に特有な閏月とみなすほか解釈の方法がないし，後世の閏月と違ってこの時代には，常に年末に閏月が置かれたことがわかる．

次に，甲骨文に記された月名と日付の干支から連続する月の日数間隔を求めてみると，1 か月が 29 日と 30 日の両方があることがわかった．この小の月と大の月が存在することも，すでに殷代には後の時代と同じような太陰太陽暦が使用されていた証拠である．ただしこの時代には，バビロニアで発見された「十九年七閏の法」という，閏年を入れる規則はまだ知られていなかったらしい．

そのほか，董作賓は甲骨文の中に月食の記事をいくつか見つけ，それを用いて殷王朝が成立してから滅亡するまでの年譜を決定することを試みた．現代の精密な月の運動理論を適用すると，ある場所，ある日時に見えた月食の絶対年代を天文学的に絞り込むことができる（「天文年代学」という）．しかし，董作賓が求めた年譜はほかの古代資料と矛盾し，また彼が主張する甲骨記事が本当に月食なのかという疑問もあ

り，董作賓による殷王朝の絶対年代には反対も多い．とはいえ，殷代には太陰太陽暦が使用されていたことを証明した董作賓の仕事は，きわめて重要な天文年代学の研究成果だったといってよい．

## 二十四節気の起こり

　太陰太陽暦では，29日の小の月と30日の大の月がほぼ交互に現れるから，12か月の1年はほぼ$29.5 \times 12 = 354$日になり，1年の長さ365日より約11日短い．この差は3年で33日，約1か月になる．そのため，余分な月である閏月を数年に1回入れて調整する．閏月が入ると，暦の上の季節と実際の季節とが，1か月以上ずれる場合が起こりうる．1か月も季節が狂えば，農業において播種，収穫などを適切な時期に行うことができず大問題である．この太陰太陽暦の不都合を補う目的で，半月ごとの季節の目印である「二十四節気」が考え出された．太陽が通る黄道上の1周を15度ずつの部分に等分し，太陽がそのどこにいるかで，立春から始まり大寒で終わる24の名前を付けたのである．春分・秋分と夏至・冬至は春秋時代（BC770〜403年）にすでに成立していたらしいが，二十四節気が完成したのはおよそ漢の時代だった．太陽暦の場合は日付が季節そのものを示すから，二十四節気は本来必要のないものだが，立春，大暑，霜降などの言葉は季節感が感じられるせいか，現代のカレンダーにもよく記されている．

　中国の太陰太陽暦では，十九年七閏の法（中国ではこの19年を1章と呼んだことから，この方法を章法ともいった）

によって閏月を入れるようになったのはBC5〜6世紀の頃からで，この置閏法を最初に採用したのが「四分暦」だった．じつは，7回の閏月を19年の間のどこで入れるかを決めるための置閏法にとって，二十四節気が非常に重要な役割を果たしている．二十四節気は，交互に12個の節気と中気に分けられている．例えば，立春は節気，春分は中気である．四分暦の場合，1年の長さは365日と4分の1だから，中気と次の中気の時間間隔は30.4375日になる．この長さは太陰太陽暦における大小の月（29日または30日）の日数より若干長い．そのため，中気が含まれない月が数年に1度は生じてしまう．そこで，この中気を含まない月を閏月とする置閏法の規則が確立されたのだった．このような月が，例えば4月と5月の間に起こったとすると，月の呼び名は順に4月，閏4月，5月となる．

　上に述べたように，二十四節気の起源は非常に古い．二十四節気の名称から判断して，それらのいくつかは，暦が誕生するずっと以前，気候や生物現象の観察に基づいて名付けられたとみなすのが自然だろう．しかし，現代のカレンダーと比べてみると，例えば雨水や霜降などは日本でも実際の季節と合わないものがあることに気付く．これは，昔の名称が不適切だったのかもしれないが，黄河文明が生まれた時代の気候が現在とは違っていたためである可能性も否定できない．
　このことを調べるために，古代中国の歴代王朝が都を置いた現在の西安（周の時代は鎬京と呼ばれた）の地と，東京における月平均気温と降水量の値を比べてみる．過去20〜30

年は人為的地球温暖化の影響を強く受けているので，ここではそれ以前のデータ（1950〜1980年間の平均値）を用いて比較した（図10）．図10のグラフの横軸は太陽暦による月である．このグラフと二十四節気の名称を比べるために，図11に漢代以前の二十四節気の表を示しておく．

　まず二十四節気の最初，立春は，太陽暦で2月4日頃にあたるが，平均気温のグラフから東京が約5°Cなのに対して西安は約2°Cでかなり寒い．西安の気温のほうが高くなるのは，3月半ば以降である．二十四節気の名称が実際の季節と合わない例として「啓蟄(けいちつ)」があげられる．これは地面が暖まり冬眠から覚めた虫（たぶん，カブトムシなどか）が地表に這い出す時期を意味する．表から太陽暦の2月19日頃だが，まだとても虫が地表に姿を見せるような気温ではない．まして東京より気温の低い西安では虫が現れるのはかなり後の季節だろう．もう一つの例として「雨水」を取り上げる．太陽暦で3月6日頃の雨水は，雨が降り出す時期を意味するが，図10の降水量のグラフを見れば，この頃の西安では真冬と同様に雨などまだほとんど降らないことがわかる．

　二十四節気が初めて完全な形で記載されたのは，後漢の班固(こ)による『漢書律暦志(かんじょりつれきし)』からであり，それ以前には自然現象の観察から生まれた不完全な節気の名称が使用されていたと推測できる．事実，秦の時代に書かれた『礼記月令(らいきがつりょう)』には，二十四節気のうち13個のみが記されていて，二十四節気の成立途上の史料であることがわかる．つまり，古代中国の二十四節気の起源は自然暦から発生して，時代とともに整備されてきたことが理解できるのである．

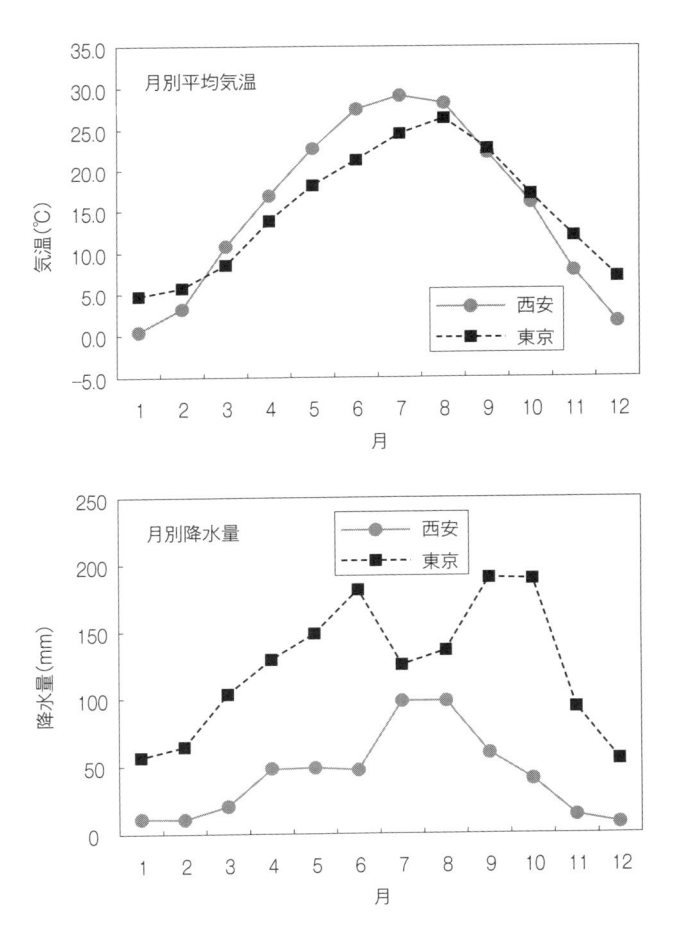

**図 10** 西安と東京における月平均気温（上図）と降水量（下図）の比較．データは 1950〜1980 年間の平均値を用いた．

| 節気名 | 旧暦 | 太陽暦 | 節気名 | 旧暦 | 太陽暦 |
|---|---|---|---|---|---|
| 立春 | 正月節 | 2月 4日 | 立秋 | 七月節 | 8月 8日 |
| 啓蟄 | 正月中 | 2月19日 | 処暑 | 七月中 | 8月23日 |
| 雨水 | 二月節 | 3月 6日 | 白露 | 八月節 | 9月 8日 |
| 春分 | 二月中 | 3月21日 | 秋分 | 八月中 | 9月23日 |
| 穀雨 | 三月節 | 4月 5日 | 寒露 | 九月節 | 10月 8日 |
| 清明 | 三月中 | 4月20日 | 霜降 | 九月中 | 10月23日 |
| 立夏 | 四月節 | 5月 6日 | 立冬 | 十月節 | 11月 7日 |
| 小満 | 四月中 | 5月21日 | 小雪 | 十月中 | 11月22日 |
| 芒種 | 五月節 | 6月 6日 | 大雪 | 十一月節 | 12月 7日 |
| 夏至 | 五月中 | 6月21日 | 冬至 | 十一月中 | 12月22日 |
| 小暑 | 六月節 | 7月 7日 | 小寒 | 十二月節 | 1月 5日 |
| 大暑 | 六月中 | 7月23日 | 大寒 | 十二月中 | 1月20日 |

図11　漢代以前の二十四節気表（『漢書律暦志』）と太陽暦による日付．雨水と啓蟄，清明と穀雨の順序が現在の二十四節気と入れ替わっていることに注意．太陽暦は2006年の日付を用いた．

## 甲骨文に現れた気候変動と中国天文学の誕生

　上に述べた図10のグラフと図11の表の比較から，二十四節気の「啓蟄」と「雨水」の場合，当時と現在の気候とはかなり違っていたらしい．言い換えれば，二十四節気が生まれた頃は，第1章で紹介したヒプシサーマル期の高温の名残がおそらくまだ残っており，現在より季節がかなり進んでいたと想像される．そこで，この推測を確認するために，今までに行われた考古学や甲骨文研究のなかに何か手がかりがないか探してみよう．

　中国科学院の気象学者だった竺可楨（じくかてい）（1890〜1974）は，季節の循環に伴って現れるさまざまな自然現象の記録を中国の過去5000年にわたって系統的に調べ上げた．その結果，仰（ぎょう）

韶 文化の時代から殷王朝の時期，つまり過去5000年の初めの約2000年間は，年平均気温が現在より約2℃高かったと結論した．この結論は，まさに第1章で述べたヒプシサーマル期の高温に対応しており，中国古代文明の地も当時はずっと温暖だったことがわかる．その証拠として，竺可楨は次のような事例をあげている．

殷墟や安陽周辺の遺跡からは，竹文様の土器，竹の炭化化石，多数の竹簡[*3]が出土しており，当時は寒冷地では育たない竹類や梅が繁茂していたこと，古文献に，この地域は二期作[*4]が行われていたと記されていることなどである．また，各所の遺跡からバク，水牛，竹ねずみ，ノロなどの動物遺骨が発掘されていること，これらは亜熱帯性の動物であるため，現在この地域では生息できないことである．さらに，甲骨文資料にも温暖であった証拠が見つかっている．図12は「象」を意味する甲骨文字であるが，どれも実際の象の形をよく表しているし，甲骨文には昔この地方で象が捕獲されたという記事がみえる．この地方は，古代には「豫州」と呼ばれていた．甲骨文字の研究からは，この「豫」という文字は象を人間が引っ張る姿と解釈されていて，現在はインドなどにしかいない熱帯性の野生象が西安付近にまで生息していたことを示唆する．

米国の中国学者ウィットフォーゲル（1896〜1988）も，甲骨資料を研究して，当時の気候に関して非常に重要な結論を得ている．彼は1940年頃，約1万5000点の甲骨片の中から，月名が記されていて気象・気候に関係がある約300項目の占い文記事を選び出し，200年間以上に及ぶ殷時代の気候

**図 12** 甲骨資料に示された「象」の文字.

について統計的な解析を行った．まず，気象に関連する記事としては雨に関するものがいちばん多く，その大部分は雨に対する祈願文や予測だった．この種の記事は1年のうち，1〜3月の3か月間だけで43％に達していた．このことは，当時この時期は農耕に必要な雨が降らないため，雨乞いの占いを盛んに行っていたことを意味していて，ヒプシサーマル期の後の寒冷化，乾燥化が始まっていたことを物語っている．しかし，亜熱帯性の動物植物についての記述もあることから，甲骨文が書かれた時期は，殷代の後期でもまだ現在よりは温暖で雨も多かったとウィットフォーゲルは推定した．

以上に述べてきたことから，ヒプシサーマル期後の，赤道西風の南下によって始まった寒冷化と乾燥化は，ユーラシア大陸の西から東に及ぶ地域で起こったことが理解していただけたと思う．その結果，第1章で紹介したように，古代四大文明の地で，都市革命とほぼ並行して天文学も誕生したのである．温暖で湿潤な時代から寒冷化と乾燥化の時代になれば，夜空に月，惑星，星々を見る機会はずっと多くなるし，農作物の播種，生育，収穫に直接関係する太陽の動きにも，

古代中国人は真剣に関心を持たざるを得なかった．そして上に述べた，二十四節気の原形が生まれ，それに伴って初期の天文学も誕生したのだった．

しかし，この殷代には二十四節気の全部がまだ出揃うには至らなかった．このことは，甲骨文研究者が，甲骨文中には立春を含めて約半数の二十四節気の名称が見つからない，と報告していることからもうなずける．ただし，図11，図12の比較からは，少なくとも「啓蟄」と「雨水」の概念は，寒冷化，温暖化が始まるかなり以前の高温期に作られたであろうことはすでに議論したとおりである．つまり，黄河文明における天文学の発祥も，ほかの古代文明と同様にヒプシサーマル期以後に起こった寒冷化と乾燥化の結果として統一的に説明できるのである．

## 中国の暦思想と改暦

古代中国の暦が太陰太陽暦だったことはすでに見たが，中国の場合，暦は単なる日付を数えるカレンダーではなく，政治的・社会的にはもっとずっと重要な意味を持っていた．中国最古とされる，『尚書』（または『書経』）という歴史書がある．伝説の皇帝，堯・舜から夏・殷・周に至る歴代皇帝について述べたものである．その中の『堯典』に，皇帝の役割として「恭しく天の意志に従い，日月星辰を観て，謹んで人民に時を授ける」という意味の文言が記されている．これを「観象授時」といい，支配者たる皇帝は，天帝の意志を受けて政治を行う．天の意志は天文現象に現れるという，中国太古の時代からの伝統的な政治思想である．中国古来の学問で

ある儒教には，天と人とは密接な関係があり，相互に影響を及ぼし合うという，「天人相関説」と称する教えがあった．「観象授時」はこの考え方に基づいているのだろう．そのため，「受命改制」といって，支配者や王朝が交替した時は新たに天命を受けたことの証しとして，暦を含む諸制度を改めることが行われた．なかでも暦を改訂する「改暦」は，国家の大典として最も重要な改革とみなされた．その結果，中国では漢代最初の「太初暦」から始まって，1912年に太陽暦を採用するまで，じつに50回もの改暦が実施されたのである．中国では，政治思想が天文学の性格を決めたといってもよいだろう．

中国皇帝はまた，天帝の意志を見落とさないために，天文官を設けて絶えず天象を監視させた．その結果，驚くべき長期にわたって膨大な量の天文現象記録が中国には残されることになった．日・月食，惑星同士の接近，彗星や新星（客星という）の出現，オーロラなどである．特に日・月食の記録は古代の地球自転速度を研究するうえで，新星の記録は星の爆発である超新星の研究に関して，現代天文学にも大きな貢献をしている．

## 二十八宿

先に述べた『尚書』の堯典の中に，「日は中，星は鳥，以て仲春をただす．日は永，星は火，以て仲夏をただす．……」という一節がある．これは，鳥，火，虚，昴という名の星宿（星座）がちょうど南方の夜空に見える日をもって，春分，夏至，秋分，冬至の日を定めたことを述べている（南

中する星のことを中星ともいった）．これら4つの星宿は，後に二十八宿と呼ばれた星宿群に含まれる代表的星座だった．例えば，昴宿とはすばるのことである．

　二十八宿とは，天を1周するように配置された28個の中国固有の星座で，角宿，房宿，尾宿など，すべて1字の漢字である．月が星々の間を運行する周期が約27.3日だから，天球上の月や惑星の位置を知る目的で設けられたのは確実で，星占いにも使用された．本来，赤道に沿うように意図されたらしいが，実際には南北方向にもかなりばらついて存在する．星座の大きさもまちまちである．一部の星宿の起源はずっと古いが，体系としての二十八宿はBC7〜6世紀頃に成立したと推定されている．インド天文学の章で，インドにも28星宿（または27星宿）があることを述べた．中国の二十八宿が中国固有の星座か，インドの星宿の影響を受けているのかは，研究者によって意見が異なる．インドの二十八宿は，星座の形も，天球上のどの星に対応するのかも，今ではほとんどの星宿について不明である．一方，後の中国星図の項で見るように，中国の二十八宿は具体的な星座の形とそれを構成する星々も明確にわかっている．このことから私は，二十八宿がインド星宿の影響下に生まれたとは考えにくい気がするのである．

## 古代中国の宇宙モデル

　中国古来の数理天文学は，バビロニアの天文学と似ていて，ほとんど図による説明がなされない，代数学的な式ばかりの天文学といってよい．他方，第1章で紹介したギリシア

の天文学は，図形の性質を最大限に利用する幾何学的天文学と特徴付けることができるだろう．この節で述べる古代中国の宇宙モデルは，図形を用いて説明するのに適した数少ない中国天文学の例である．

宇宙がどのように誕生したのかは，BC2世紀頃に著されたとされる『淮南子(えなんじ)』という書物に記された説が最も古い．中国では，戦国時代末（BC3世紀）から前漢を経て後漢（AD1世紀）にかけて，宇宙構造の問題が盛んに論じられた．AD180年頃に皇帝に献じられた上奏文によれば，当時の中国には蓋天説(がいてん)，渾天説(こんてん)，宣夜説(せんや)と呼ばれた3種類の宇宙構造論があったという．最も初期の蓋天説は，『周髀算経(しゅうひさんけい)』という名の古い算術書に載っている．この頃は，「表」と呼ばれた垂直の棒を立て（インド天文学の章で出てきたノーモンのこと），太陽などの影によって天体の方向と動きを測定したが，その経験に基づき宇宙の構造を推定したのである．天と地は平行と考え，太陽が天のどこにいるかで，季節による表の影の長さの変化を説明した．表と影がつくる直角三角形と天地の距離の比例関係を利用して，天地の高さを中国里で8万里（約5700キロメートル）などと求めた．

しかし，天と地が平行であるとする初期の考えでは昼夜が起きないなど，当然ながら現実に合わない．そのため，後になると，渾天説の考え方を入れて天と地は湾曲していて，天は天の北極の周りに回転するというモデルに改めた．実際の地球と太陽の距離は約1億5000万キロメートルだから，上に求められた8万里という数値自体に実質的な意味はないが，直角三角形の厳密な数学的性質を応用して作られた最初

の宇宙モデルという点で，蓋天説は歴史的な意義がある．

　渾天説は，天が鶏卵の殻のように私たちを丸く取り巻いているという宇宙観で，私たちが住む大地は卵の黄身にあたる．渾天説もかなり昔からあったらしいが，文献に見られるのは AD1 世紀に書かれた張衡(ちょうこう)の『霊憲(れいげん)』が最も古い．考え方としては，古代ギリシアの同心球宇宙モデルに近い．現代の天文学でも，天体がすべて天球に貼りついているとみなして，天体の見かけの位置と動きだけを問題にする「球面天文学」と呼ぶ分野があるが，この考え方に似ている．図 13 でわかるように，観測者の緯度に応じてまず天の北極の高度角が決まり，天体はこの北極を中心に日周運動を行い，地平線から出没する．天の赤道と黄道は 23.5 度傾いているため，夏には太陽は北に移動して地上高度が増し，昼の時間も長くなる．逆に冬には夜の時間のほうが長くなることも容易に理解できる．ギリシア人の場合，大地を球体と考えたから同心球宇宙も素直に受け入れられた．しかし，渾天説は，丸い天や太陽が，大地の下にあると想像される巨大な岩や大洋を夜間にどうやって通り抜けるかを，うまく説明できないのが大きな弱点と考えられた．

　第 3 の宣夜説は，史料が散逸しているため内容の詳細はわからないが，天体はみな自由な空間に浮かんでいると論じている．これは一見，近代に生まれた三次元的な考えに近いように聞こえるかもしれないが，数理的な具体性はない観念的な宇宙観だったといってよい．後漢時代以降は，宇宙構造論に対する興味は薄れ，その後の中国の天文学者は精密な暦を作ることを唯一の目標とした，代数的な計算天文学にばかり

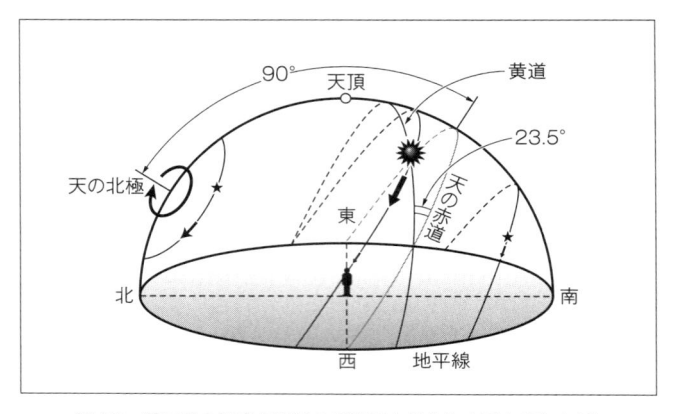

図13 渾天説の概念を現代の球面天文学的に表現し直した図.

従事していくことになる.

### 虞喜と歳差

　第1章で，ヒッパルコスが歳差現象を発見し，赤道が黄道に対してゆっくり回転するのが原因と正しく解釈したことを紹介した．古代中国でも，ここで述べる歳差の発見者，虞喜よりもずいぶん昔から，太陽が星々に対して天を1周する周期，恒星年と，季節変化の周期である太陽年の長さが若干異なることに気付いていた．ギリシアでは，黄道を基準にした星の経度だけが一様に増加することから，これは赤道と黄道の交点である春分点が，黄道上を少しずつ後退するためと理解した——このために恒星年と太陽年との差が生じる．春分点が後退したぶんだけ太陽は余分に動く必要があるので，太陽年のほうがわずかに長くなるのである．

一方の中国では伝統的に，春分点から90度隔たった冬至点を基準に天球上の星々の位置を表した．古代には二十八宿の虚宿の中にあったと記された冬至点は，最初の暦「太初暦」の頃は牛宿と斗宿の間にあると測定された．また，「四分暦」が編纂された西暦紀元後には，冬至点は斗宿に移動していた．これらのことから，東晋（317〜420年）の虞喜は，歳差現象をギリシアとは独立に発見したのである．太陽が毎年西にずれる割合を50年に1度と計算した．ヒッパルコスが求めた歳差の変化量は100年に1度だった．地球の自転軸が首ふり運動する周期は約2万6000年だから，歳差の正しい値は約72年で1度である．よって，虞喜の値は少し大きめだがほぼ正しかったことが了解できる．この虞喜による歳差の効果を最初に取り入れた暦が，祖沖之による510年の大明暦だった．

## 中国の星座と星図

　歳差のような微小な現象が発見されるためには，ある程度精密な星々の位置観測が不可欠である．観測のための儀器については次節で述べることにして，ここでは中国の星座とそれらを1枚の図にまとめた星図の歴史について見てみよう．星座や星図の基礎は，個々の星の位置観測をまとめた星表である．星の位置は度数で表されるが，古代中国では全天1周の度数を360度ではなく，太陽が1日に1度を動くとして，周天を365度4分の1としたのが特徴だった．

　BC4世紀頃，魏の石申という天文学者が作ったとされる星表があり『石氏星経』と呼ばれる．多くの恒星の位置を度

数で示している．全天の星座を二十八宿と，中官に属する56個の星宿，外官に属する30個の星宿に分類した（中国の星座は西洋の星座に比べて一般に小さく，そのため全星座数は西洋のものよりずっと多い）．中国科学史家，薮内清の研究によれば，『石氏星経』の星々が実際に観測された年代は，BC70年頃が最も確からしいが，度数の記載がある中国最古の星表であることに違いはない．ほかに，石申と同時代人で斉の甘徳（かんとく）が作った一連の星宿があり，殷代の伝説的天文学者とされた巫咸（ふかん）による星宿もあった．これらをもとに4世紀頃，呉の太史令（たいしれい）[*5]だった陳卓（ちんたく）は，三者の星宿を色で区別した星図を作った（全星宿数は283，星の総数は1464）．そのため，三色星図，三家星図と呼ぶこともある．

　三家星図について記した最初は唐代に書かれた書物であり，もとの三家星図はもちろん現存しない．星座に関して注目すべきは，隋の丹元子（たんげんし）による『歩天歌（ほてんか）』である．星座の説明を親しみやすい漢詩の形で歌っていて，この星座の体系は後の宋代，元代に作られた星図の手本になった．紙に描かれた中国の最も古い科学的な星図は，宋朝の役人だった蘇頌（そしょう）が1092年に出版した『新儀象法要（しんぎしょうほうよう）』に載っている星図である．印刷された星図としては世界で最も古い．メルカトル地図のような，赤道を中心とする長方形図で全天の星座を示している．この時代の最も名高い星図は，石に刻まれた「蘇州天文図」であろう（図14）．11世紀の黄裳（こうしょう）が作った原図をもとに，13世紀中頃に石刻された．北極が中心の円形星図で，二十八宿の境界を示す線が放射状に出ており，黄道と天の川の輪郭も描かれている．

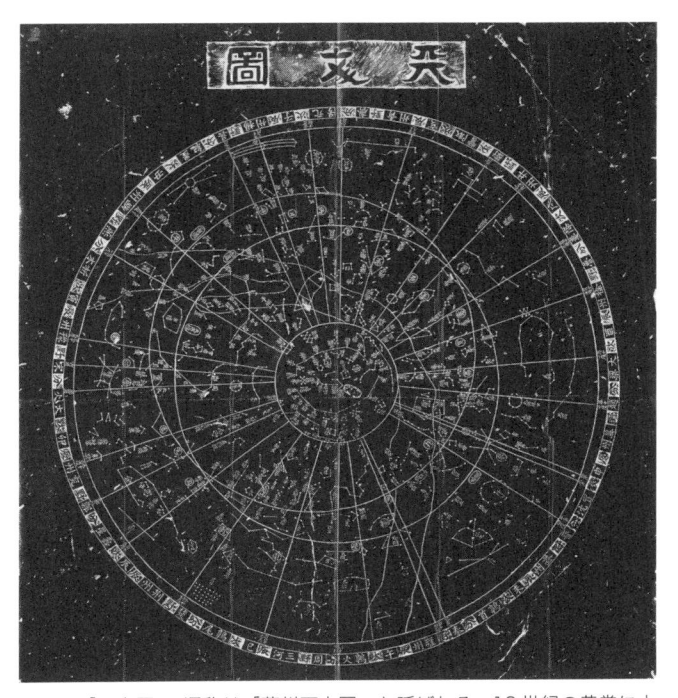

**図14** 「天文図」．通称は「蘇州天文図」と呼ばれる．12世紀の黄裳による原図を元に1247年に石刻された．製作された年代をとって「淳祐天文図」ともいう．石碑では下半分に詳しい説明文が付いている（拓本のため，白黒が反転している）．

　ヒッパルコスが星の明るさを等級で示したのとは対照的に，古代中国の天文学者は星の明るさにはまったく関心がなかったらしく，星図の星はどれも同じような小丸で描かれているに過ぎない．中国の星図で星々の等級を区別するようになるのは，西洋人宣教師が中国に渡来して西洋天文学に基づ

第3章　中国の天文学　　59

く星図が作られるようになってからだった．明代末に宣教師の協力で徐光啓(じょこうけい)が1633年に編纂した，『崇禎暦書(すうていれきしょ)』の中に収録された「赤道・黄道南北両総星図」，また，同じ頃に徐光啓が指導し，ドイツ人宣教師のアダム・シャールとともに制作した屏風仕立ての巨大星図，「赤道南北両総星図」は大きさが1.7メートル×4.4メートルもあり，1812個の星を1等から6等までの記号で明るさを区別していた（この当時ヨーロッパで作られた星表・星図は，ヒッパルコスの時代とほとんど変わらない1000個余りの星しか含んでいなかった）．

### 天文観測装置

BC4世紀に作られたとされる『石氏星経』には，黄道を基準にした星の座標が度数で与えられている（漢代以降は，天体の位置を赤道座標で測った）．したがって，太陽の影を測定する「表」のような単純な古代観測器具で観測したとはとても考えられない．もっと高度な観測装置を使用したはずだ．それは渾天儀と呼ばれ，古代中国の宇宙構造論のところで出てきた渾天説と密接な関係がある．渾天説では，図13に示したように，天の北極，赤道と黄道を含む観測者中心の天球を考え，天体はみな天球に貼りついていると考えた．この考えに沿って天球の小さな立体模型を作れば，両者の大きさは比例関係にあるから，天球上の角度は立体模型の環に刻まれた角度目盛と等しくなるというのが渾天儀の測定原理である（図15）．同様な考え方で古代ギリシアでも渾天儀が製作され，ヒッパルコスらの観測に使用された．

渾天儀は時代とともに構造が複雑化したが，基本構造は，

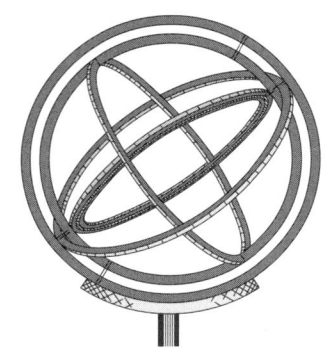

**図15** 渾天儀の原理・構成図（左）と北京古観象台にある渾天儀（右）．

3個の円環である南北の子午環，赤道環，地平線を表す地平環（または垂直環）で，これらはみな台座に相互に固定されている．これら環の内側に，極軸の周りに回転できる経度の環と天体をねらう視準桿（しじゅんかん）があり，これで天体の経度と緯度を測定した（図15）．古代中国では天体の緯度・経度は初期には赤道を基準に測ったが，後の時代になって黄道環を付け加え，黄道に準拠した緯度・経度も測定できるようになった．さらに月の軌道ではある白道も追加した渾天儀も製作されたが，複雑になり過ぎてあまり実用的ではなかった．渾天儀の原形はBC2世紀頃から作られるようになったらしい．渾天儀を詳しく解説したのはAD2世紀の張衡による『渾天儀』であるが，原著は早くに散逸して，現在知りうる内容はずっと後世に復元されたものである．なお，渾天儀から派生した，渾天説を説明するための教育用模型である渾象（こんしょう）や渾天象，地球儀に似た天球儀なども作られた．

第3章　中国の天文学

古代中国では，天文台のことを「霊台」と称した．中世以降の時代になると，巨大な霊台や観測装置も製作されるようになる．その一例は，図16に示した河南省にある元代の観星台である．原理はノーモンと同じだが，垂直の棒に相当する建造物は高さが12メートルあり，手前に見える，影の長さを測定する水平の物差し部分（石圭という）は，長さが31メートルもあった．装置を大型化することで，より精密な測定を行うことを意図しており，元代に作られた優れた授時暦は，この観星台による太陽観測の結果が大きな寄与をした．そのほか，水力による機械仕掛けで，脱進機付の時計装置を持つプラネタリウムのような「水運儀象台」を，蘇頌らが11世紀末に建設している．

### 中国の代表的暦法と暦

　伝統的な中国天文学の主要部分は，暦を作る暦法と暦算だった．この節では50回近くも行われた改暦のなかから，重要な暦法について簡単にまとめておく．太陰太陽暦の基礎である十九年七閏の法によって閏月の配置を決めた最初の暦は「四分暦」であることはすでに述べた．虞喜が歳差を発見したのと同じ頃，それまでは天を一定の速度で回ると考えられていた太陽と月が，じつは一様な速度で動くのではないことが明らかにされた（真の運動はケプラーが発見した楕円運動）．月の運行の非一様性を考慮した最初の暦は後漢の「乾象暦」であり，太陽の非一様運動の効果は隋の「皇極暦」から取り入れられた[*6]．その結果，朔（新月）や上弦，満月，下弦など月の満ち欠けの日時も同一間隔で起こるのでは

**図16** 河南省にある元代の観星台．手前に伸びているのが影の長さを測定する石圭．人の姿と石圭の大きさを比べてほしい．

第 3 章 中国の天文学

なく，定朔法と称するもっと精密な計算法が採用されることになった．

　唐代（618〜907 年）を代表する暦法は，一行（いちぎょう）による「大衍暦」（だいえんれき）である．とびとびの観測データの中間の値を推算するために，優れた補間法と呼ぶ数学公式を用いた．唐代はまた，シルクロードを通じた東西交易が盛んになった時代である．イランやインドの天文暦法が中国に伝えられ，インドの天文学者が首都の長安で働く姿も見られた．

　蒙古族のチンギス・ハンが，1206 年にモンゴル帝国を建設し，その孫フビライが中国を征服して 1271 年に打ち立てた王朝が元である．元代の 1280 年頃に作られた「授時暦」は，色々な点で非常に優れており，次の明代でもほとんど修正されることなく約 400 年も使われ続けた（元の次の明朝で採用された「大統暦」は，授時暦法から，後に述べる消長法を取り除いただけのものに過ぎない）．授時暦は，昔の暦法に詳しかった許衡，観測と器械の製作に手腕を発揮した郭守敬（かくしゅけい），数学に優れた王恂（おうじゅん）らの緊密な協力のもとに完成した．郭守敬は 13 種類の観測装置を製作して，5 年間も天体観測に没頭した．天文定数の基礎になる冬至の日時をきわめて精密に決定し，太陽年の長さを現代とほとんど違いのない，365.2425 日と求めた．また，理論計算の面でも，「招差法」と呼ばれた高度な補間法を利用し，球面三角法に似た方法を用い，1 年の長さが時代とともにわずかずつ変化するという「消長法」を採用したのが特徴である．この授時暦は，江戸時代のわが国の改暦でも大きな役割を演ずることにな

る.

## 鄭和の南海遠征と航海天文学

　漢民族が主権を取り戻した明代には,貨幣経済の普及に伴って農業・商工業が盛んになったが,天文学についてはあまり見るべき発展はない.明朝の第二代皇帝だった永楽帝は,宦官[*7]の鄭和(ていわ)に命じて大艦隊を組織させ,7回にわたって(1405〜1431年),マラッカ海峡,インド洋,ペルシア湾からアフリカにまで達する南海大遠征を行わせた.コロンブスによるアメリカ大陸の発見以前で,当時のヨーロッパでは考えられないほどの大型船からなる大船団だったので,中国一流の誇大記録ではないかと疑う声もあった.しかし,近年,船団の中心をなした,宝船と呼ばれる船の巨大な舵が発掘されたことにより,宝船は史実と認められるようになった.

　インド洋など大洋の航海では陸地が見えないから,天体を観測する天文航法が不可欠である.その具体的方法が「鄭和航海図」に記されている.鄭和の艦隊は,アラビア生まれの「カマール」(牽星板(けんせいばん))と呼ぶ星の高度を測定する器具を使用して(図17),こぐま座の星や北極星を観測し,その地点の緯度を知ったのである.また,「過洋牽星図」という史料には,南方の海を航海するために,織姫星やさそり座の星アンタレスなどを測定して,船の緯度や進路の方位を決める方法が説明されていた.このことでわかるように,鄭和の航海では,アラビア天文学の知識が大きな役割を果たしており,実際,鄭和の船団にはアラビア人やイスラムの航海者も同乗していたのだった[*8].

**図 17** 鄭和の艦隊が天体の高度測定に使用したカマールの説明図．口にくわえた糸の長さを調節して，板の下端と上端が水平線と天体とを見通すようにする．こうすると，糸の長さから天体の高度角が計算できる．

## 宣教師がもたらした西洋天文学

　ヨーロッパの宣教師は，16世紀のフランシスコ・ザビエル以来，キリスト教伝道のため中国入りをねらっていたが，苦労の末，北京に最初に居住を許されたのはマテオ・リッチ（中国名は利瑪竇）で 1601 年のことだった．この時から西洋の科学技術の知識が中国に広くもたらされることになる——キリスト教と西欧文化の優秀さを中国人に印象付けるために，宣教師たちは西洋の数学や天文学の進んだ成果を積極的に利用したからである．ローマのイエズス会本部も，数学・天文学に造詣の深い宣教師を積極的に中国に派遣した．リッチは，新大陸の存在を初めて紹介した世界地図『坤輿万国全図』（1602 年），ユークリッドの著作の漢訳である『幾何原本』（1607 年）などを刊行したことで知られる．その結果，彼らは中国王朝の高官や知識階級から尊敬・評価されるよう

になった．なかでも，宰相にまで昇進した徐光啓から信頼されたことが大きい．1629年（崇禎2）の日食では，中国暦法が予報に失敗し，西洋天文学だけが予報に成功したため，ついに改暦の勅命が下った．

このため，ドイツ出身のアダム・シャール（湯若望）らが北京に招かれて改暦の準備に着手した．1631年（崇禎4）から4年間かけて5次にわたり，徐光啓らの名で135巻に及ぶ西洋暦学理論の編纂書を皇帝に奏上した．『崇禎暦書』の名で知られている．ところが，徐光啓が死去すると反対派の巻き返しが激しくなり，西洋暦法による改暦は失敗するかにみえた．しかし満州族による新たな王朝，清朝が成立すると，西洋暦法による改暦が再び議論されるようになった．アダム・シャールは1646年に欽天監正（国立天文台の長官）に任命される．そして，やっと1645年（順治2）から，西洋天文学に基づく「時憲暦」が施行されたのである．この後，太陽暦に移行するまで，中国ではこの時憲暦が最後の太陰太陽暦となった．

宣教師たちが中国天文学に貢献したのは，ひとり時憲暦だけではない．西洋天文学の成果を取り入れて彼らが制作した星図については，すでに上で述べた．マヌエル・ディアズ（陽瑪諾）は，1610年のガリレオの望遠鏡による天文学的発見を1615年という早い時期に『天問略』を著して中国に紹介した．また，湯若望が1629年に出版した『遠鏡説』には簡単なレンズ光学と望遠鏡の構造を説明しており，これがその後まもなく，蘇州あたりで望遠鏡が製作される契機になったと考えられる．北京には「古観象台」と呼ばれる15世紀

中頃に建設された天文台があり，多くの青銅製天文儀器が今も展示されている．これらは明朝，清朝を通じて中国天文学者が開発・製作したものである．宣教師のフェルディナンド・フェルビースト（南懐仁(なんかいじん)）は，中国皇帝からこの天文台の全責任を任され，1673 年にはいくつかの観測装置を再建する監督を務め，恒星と惑星の観測も行った．彼が 1674 年に出版した『霊台儀象志』は，これら中国観測装置の概要と製作法を説明した本であるが，後の江戸幕府天文方や伊能忠敬の測量器具に大きな影響を与えた．また，だいぶ時代は下がるが，ケーグラー（戴進賢(たいしんけん)）が 1757 年に刊行した『儀象考成』は天文儀器と星表に関する著作であり，この星表は歳差を考慮している点と星の等級表示など，西洋の近代星表にひけをとらない優れた星表だったため（図 18），江戸時代後期の天文方はこれを参考に新たな星図を制作している．

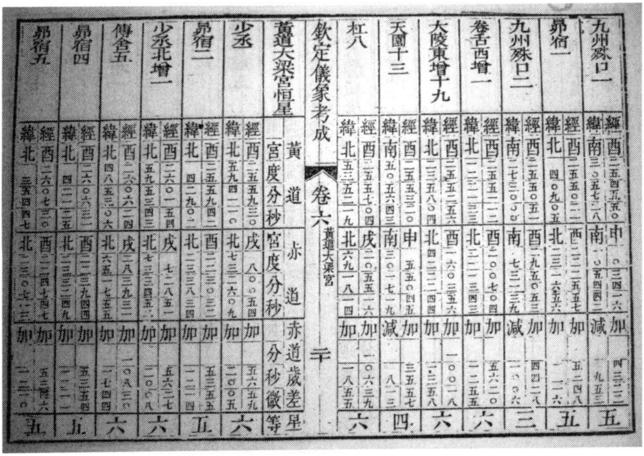

図18 ケーグラーによる『儀象考成』(1757年) 中の恒星表。上段の星名で昴宿はすばる。下段には，歳差による経度・緯度の変化率と，明るさの等級が与えてあり，西洋の近世星表にひけをとらない。

(＊1)「干支」とは，古代中国に起源を持つ循環数で，年，日，時刻，方位などを示すのに使われてきた。十干は甲・乙・丙・丁・戊・康・辛・壬・癸の10種，十二支（えと）は子・丑・寅・卯・辰・巳・午・未・申・酉・戌・亥の12種からなり，両方から順に取った組み合わせ，甲子, 乙丑, ……, 癸亥の60種類が六十干支である。最後の癸亥の次は始めの甲子に戻って循環する。殷の時代の甲骨文には，この十干十二支が表の形で記されたものが見られる。

(＊2) 日の干支は殷の時代 (BC1400年頃) から使用されたが，歳を干支で呼ぶようになるのは漢 (BC200年頃) からである。日の干支が歳の干支よりずっと歴史が古いことは，常識的にみてもよく理解できる。より長い年月を数えることは，古代人の記録方法や社会組織がより高度化した結果として必要になったと考えられるからである。暦は，太陰暦，

第3章 中国の天文学

太陽暦，太陰太陽暦の3種類に大別できるが，太陰暦が最も古い．日および歳の干支の発達は，この暦の発達の場合とよく似ている．古代人は最初，約30日間隔で起きる月の満ち欠けが周期的であることに気付き，まず太陰暦を作った．その後，より長い，季節の変化が約365日の周期を持つことを認識し，太陽暦，または太陰太陽暦を考案したのだった．

（＊3）中国で紙が発明される以前に，竹から細長い板状の竹片を作り，それらを糸で綴って字を書いたもの．竹の代わりに木片を用いることもあった．

（＊4）冬が短い温暖な気候の地域では，米などの作物が同じ農地から1年に2度収穫できる．これを二期作と呼ぶ．

（＊5）「太史令」は，中国の歴代王朝に設けられた国家文書を取り扱う行政職の役人を指す．5～6世紀以後は，天文・暦法のみを扱うようになったから，天文台の長官といってよいだろう．

（＊6）「皇極暦」は，中国王朝における実際の暦としては採用されなかったが，優れた日・月食，惑星の観測値を取り入れ，進んだ計算方法を用いたため，その後の唐代暦法に大きな影響を与えた．

（＊7）宦官（かんがん）とは，中国の皇帝の後宮に仕えた男性官吏で，後宮の女性と不都合を起こさないように去勢された役人である．中国の歴代王朝では，宦官が大きな政治権力を持ったり，鄭和のような大事業に従事したりした例が少なくない．

（＊8）鄭和はイスラム系中国人だったとされる．航海にはイスラムのアラビア人船乗りが重要な役割をしたが，これも鄭和の出自と関係があるのではないだろうか．

# 第 4 章

# 韓国，東南アジアの天文学

　江戸時代中期以前の日本天文学は，中国からの影響が圧倒的に大きい．しかし，特に古代にあっては地理的な近さのために，朝鮮からの渡来人・帰化人が日本文化の向上に大きな役割を果たした．天文学もその例外ではなかった．朝鮮半島は，西暦紀元前後に中国東北部に興った高句麗（こうくり）が，4世紀初めに南下して半島の北半分を支配し，漢王朝が造った楽浪郡は滅亡する．同じ頃，半島南部には新羅（しらぎ）と百済（くだら）とが興り，高句麗，新羅，百済の三国が並び立ったので，この時代を三国時代と呼ぶ．7世紀後半には，唐と連合した新羅が半島を統一した．次いで10世紀になると，王建が新羅にかわって高麗（こうらい）を建国，半島を支配し首都を開城に定めた．

## 高句麗時代の天文学

　高句麗時代の古墳の内壁には，太陽と月，および四方位をつかさどる四神と呼ばれた北方玄武，南方朱雀（すざく），東方青竜，

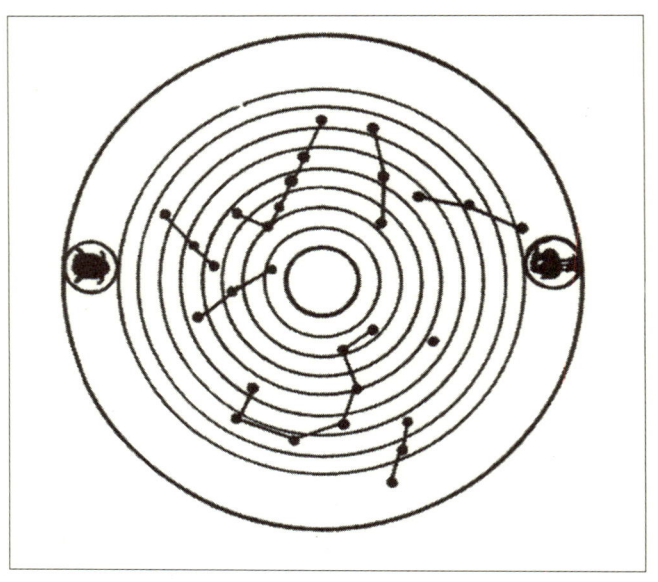

**図 19** 舞踏塚古墳の天井星座の復元図. 二十八宿のうち, 線で結ばれた 7 星座が確認できる.

西方白虎の図が描かれたものが多く, 当時の人々は天体に関心があり, 信仰の対象としたことをうかがわせる. それらのうちで有名なものは, 中国の吉林省にある舞踏塚古墳の石室天井星図である (5世紀頃). 29個の星を線で結んで7個の星座を表していて, 中国の二十八宿の一部と考えられている (図 19).

　この時代の朝鮮における天文学知識のレベルを知る文献は朝鮮にはない. だが, 百済の暦博士, 固徳王保孫が554年に日本に行き, 初めて中国の暦と天文を伝え, 602年には百済

の僧，勧勒が日本朝廷に暦本を献上し，暦学を日本人に教えたという記録が日本側にあることから，三国時代朝鮮の天文学の水準は，古墳の天文図などが与える印象よりはかなり高かったと推測される．

## 古代の天文台

朝鮮でも中国流の観象授時がおもな目的で天を監視していたとすれば，中国と同様に，観測のための天文台に相当する施設があったと考えるのが自然であろう．新羅時代の天文台とされる遺跡で最もよく知られた存在は，朝鮮半島南端の釜山に近い慶州の「瞻星台」である．この遺跡を天文台であると初めて報告したのは，戦前の日本占領時代に韓国にいた気象学者の和田雄治で，後に朝鮮総督府の観測所長になった[*1]．李朝後期に編纂された『文献備考』などには，647年の善徳女王の時に建立されたと記されている．高さ約9メートルの筒型の花瓶のような花崗岩の石積みで，中間の高さに1メートルほどの正方形窓が南に向いて開いている（図20）．

1960年代から韓国学者たちが精密測定を行って，天文台説をさまざまに検討した．和田は頂上部に観測装置を置いたと想定したが，頂上部のスペースが狭いうえに，台の内部は自由に昇降できる構造ではないため，天文台説をめぐって論争が続いた．しかし現在では，やはり何らかの天文観測台だったという点では意見が一致しているようである．私は，天象の異変を察知するために，天文官が登って夜空を見張った象徴的な天文台だったのではないかという気がする．ほかに石造りの構造は異なるが，高麗時代に建設されたとされる天

図20 慶州にある瞻星台.高さ約9メートル.

文台遺跡が開城に残っている.

### 古代の天文記録

　朝鮮半島は中国と陸続きだったから,中国による政治的支

配に加えて，政府機構や儒学などの学問，天文学も含めた中国文化の影響を大きく受けている．先に述べた観象授時のために，中国で行われたと同様に，朝鮮でも天に異変が見つかれば，それを忠実に政府に報告し記録に残した．例えば，BC54 年から始まって，三国時代から統一新羅までの約 1000 年間に 66 回の日食観測記録が残されている．高麗時代の約 480 年間は 132 回であり，その後も時代によって記録に粗密の差はあるが，日・月食の観測記録は続いた．

そのほか，多数の彗星出現の記録，太陽の黒点らしい記述が歴史書『三国史記』や『高麗史』に見られる．なかでも『高麗史』には，1024 年から 1383 年までに太陽の中の黒いしみが 34 回にわたって記録されている（中国にも同様の記録がある）．太陽黒点は，1610 年にイタリアのガリレオらが望遠鏡を用いて発見したものであり，古代中国や朝鮮における太陽のしみの記録が真の太陽黒点観測なのかどうかの確証はない．しかし，『高麗史』の記録を分析すると，それらが 8 年から 20 年の間隔で観測されていて，これは太陽黒点に特徴的な出現周期と矛盾がないと主張する韓国天文学者もいる．これらの天象記録は中国にならって，『高麗史』の「天文志」という，国の公式な歴史書に編纂・収録された．李氏朝鮮でもこの伝統は継承された．例えば，上に述べた和田雄治が李朝宮殿の観象監の倉庫で見つけた大量の観測日誌と報告書，『天変謄録』がその一例である．その中には，1669 年に出現した大彗星の連続観測が 3 か月間にわたって，星座の間を移動する彗星のスケッチ 100 枚として記録された報告書もあった．しかし，それらは 1950 年の朝鮮戦争で大部分が

失われ，今では一部が残っているに過ぎないとのことである．

### 「天象列次分野之図」

14世紀の後半，高麗朝は倭寇(わこう)と呼ばれた日本人海賊の頻繁な襲撃と略奪に苦しめられていた．朝鮮の東北部で中国の元からの干渉を排除して戦功のあった李成桂(りせいけい)が，倭寇攻撃の総司令官に任命された．彼は一連の戦いで倭寇を打ち破った結果，官僚や地方豪族の支持を集めることになる．1392年になると，李成桂は高麗を滅ぼして李氏朝鮮を建て，漢陽（現在のソウル）を首都に定めた．すなわち，李朝の初代国王，太祖である．

高さ201センチメートル，幅123センチメートル，厚い黒曜石板に刻まれた「天象列次分野之図」と題する精密な星図がある（図21）．この原刻は昌慶宮に，17世紀後半に再刻された石碑が世宗大王記念館に所蔵されている．この石刻星図の来歴は，太祖李成桂の歴史的事績を集めた『太祖実録』には記録されていないが，当時の学者，権近の著書と「天象列次分野之図」の下部に書かれた銘文によって知ることができる．その記述によれば，高句麗が滅んだ時，その頃存在していた石刻の星図も戦乱とともに大同江の水底に沈んだ．時は流れ，太祖が即位して間もなく，失われた石刻星図の拓本を太祖に献上する者があった．太祖は喜び，早速朝鮮の天文暦学を担当する役所「書雲観」の天文学者に命じて，この拓本を新たに石に刻ませようとした．しかし，この高句麗の星図は随分昔に作られたため，星々の位置には歳差によって大

図21 「天象列次分野之図」(拓本).

きな誤差が生じていたので，権近ら書雲観の人々は改めて星の観測を行い，それに基づき1395年に新たな石刻星図を完成させた．それが「天象列次分野之図」であった．

この星図は中国古来の三家星図の伝統にならっているが，高句麗における観測も反映されていると推定される．北極を中心とした円星図で，中心から放射状に出る線で二十八宿の各々の基準星（距星）の経度を示している．天の赤道と偏心した黄道に加えて，天の川の形も表現されていて，形式は「蘇州天文図」とよく似ている．円周には十二支名とともに十二の国分野に等分した領域が記され，これが分野図という表題の由来であろう．刻まれた星の総数は1467個で，三家星図の星の数は1464個だから，星と星宿は中国の伝統的な星座体系を踏襲したものであることがわかる．この星図が，江戸時代前期の日本星図に大きな影響を与えたことは第II部で述べよう．

**世宗大王時代の天文学**

世宗（せいそう）（1397～1450）は李氏朝鮮の第四代国王である．この才能に恵まれた国王は，儒教の精神を理想として朝鮮の政治と文化を刷新するのに大きな功績があり，李朝の名君として世宗（セジョン）大王とも呼ばれる．世宗の最も知られた功績は，日本の仮名に相当する表音文字，ハングルの制定である[*2]．世宗はまた，実用の学や技術面を大きく発展させた．天文暦学についても多くの貢献をしており，天文学のパトロンと呼ぶこともできるだろう．

儒教が教える古代中国皇帝の治世にならって，この世宗李（り）

祹(とう)は観象授時のために正確な暦法を整えることに心を砕いた．『世宗実録』によれば，この当時中国最高の暦法とみなされていた元代の授時暦を元にして，朝鮮の暦を作ることを太祖は強く希望したが，書雲観の天文学者には授時暦法を十分に理解する能力がなかった．そのため，新たに暦計算に長じた天文官僚を養成したり，有能な人材を中国に派遣したりして授時暦法を学ばせようと試みたが，すぐには成果が得られなかった．そこで，二人の優れた学者を選び共同研究をさせ，授時暦法をマスターさせようとした．二人は世宗の期待に応えて，数年のうちに授時暦に基づき朝鮮独自の暦が計算できるまでになった．その結果生まれたのが，太陽と月，および五惑星の運行理論と計算法を記した『七政算内篇』で1444年に刊行された．「七政」とは，古代中国の占星術で使われた言葉で七曜のこと，つまり日月と五惑星のことで，この本はそれら天体の運行を計算することを目的に書かれたのである．

　授時暦理論を元に，朝鮮の地に合った正確な暦を作るため，漢陽（現在のソウル）で北極高度を観測し緯度をまず決定した．日月の運行周期については，書雲観で観測した後に，授時暦の平均太陽年と朔望月の値は十分正確であると判断してそのまま採用した．これらの正しい値は，太陰太陽暦が最も重要視した日・月食の精密な予報のために欠かすことはできない．『七政算内篇』では，恒星年と歳差などもかなり精密な数値が議論されている．『七政算内篇』の構成は，暦日，太陽，太陰，南中する星の理論である中星，日・月食理論，五星と呼ばれる惑星理論，などの章からなっていた．

また，これらの理論に基づき，漢陽における毎日の日出・日没の時刻，昼夜の長さを表の形で与えている．そのほか，『七政算外篇』と題する天文書も出版された．この本では，月と惑星の運動理論として，古代ギリシアのトレミーが使用した周転円理論を元に，イスラム世界で作られた暦法，「回々暦」を参考にしているのが特徴である．これら内篇・外篇を編纂した人々は，ほかにも一連の天文書を執筆していて，世宗の指導下で天文暦学の研究が盛んに行われたことがわかる．

一方，世宗は観測面でも，1432年から7年間かけて王立天文台である「簡儀台」を景福宮に完成させた．そこに大簡儀と名付けた大きな渾天儀を据え付け観測させたほか，渾天象，高さ8メートルに達する日影台（圭表）なども備え付けられた．この簡儀台は，中国の元の郭守敬が巨大な観星台を河南省に建てて以来，東アジアでは最大規模の天文台だったとされる．

しかし，世宗の死去後は，李朝の天文学や数学の研究活動は次第に沈滞化していった．やがて，豊臣秀吉が侵略軍を朝鮮半島に派遣して戦争を仕掛けた16世紀末には，書雲観の学者たちも天文暦学の研究どころではなく，中国明朝の大統暦がそのまま使用されるような状態に逆戻りしてしまった．この頃，中国では西洋天文学に基づく最後の太陰太陽暦，「時憲暦」に改暦されようとしていた．1644年に北京を訪れた李朝の観象監の天文官が，中国の清朝では湯若望（とうじゃくぼう）らが時憲暦を編纂中であるという話を聞かされた．そこで，李朝の王は暦官を北京に留学させて西洋人宣教師から時憲暦法を習お

うとしたが断られた．中国から持ち帰った時憲暦をいろいろ研究したものの，計算法がよく理解できない．その後もたびたび留学生を北京に送るとともに，西洋天文学を宣教師が漢文で解説した著書『暦象考成』や『暦象考成 後編』を入手して研究した結果，1740〜50年代には朝鮮でもかなり正確な日・月食の予報計算と惑星の暦の計算ができるようになった．約半世紀後，日本も改暦に関してほぼ同じ道をたどることになった事情は，第8章で述べることにする．

**西洋の影響を受けた星図**

　中国の時憲暦法を修得するために北京に派遣された李朝の天文学者らは，当然ながら宣教師が西洋天文学の成果を取り入れて，北京で制作した最新の星図にも興味を引かれた．韓国の科学史家，全相運氏によれば，1742年に書雲観の二人の天文学者が北京を訪れ，ドイツ人宣教師のケーグラー（戴進賢）から直接教えを受けて，1723年作の300星座3082個の星を含む星表から星図の写しを作った．それが，現在は韓国の法住寺に所蔵される星図，「新法天文図大幅屏風」であるという．この星図は，「天象列次分野之図」などが天の北極を中心に描かれた赤道座標による星図であるのに対して，黄道の極を中心にした黄道座標による円星図である点が古来の伝統的な星図と異なる．

　そのため朝鮮では，旧法の星図である「天象列次分野之図」と区別して，新しい黄道座標系の星図を新法星図と呼んだ．韓国には法住寺の星図の系統をひく黄道座標星図が数多く存在する．おそらく中国人と違って朝鮮の天文学者は，黄

道座標の星図に新しい魅力を感じて多数制作したのだろう．この新法星図は，「極円(きょくえん)」と名付けられた，天の北極を中心とする半径23.5度の小円と，天の南極付近にある大小のマゼラン星雲の形状が描かれていることが最も大きな特徴である[*3]．

　もう一つ，西洋天文学の影響を受けて作られた星図に，「渾天全図」と題した星図が知られている．14世紀頃の朝鮮の伝統的な星図形式に従った木版刷りで，18世紀頃という漠然とした制作年代が推定されているに過ぎない．北天・南天の星全部を合わせて336星座，1446個を含むと説明には記されている．星の明るさは数段階の記号で区別され，約10個の星団や星雲も記号で示してある．北極を中心とする円星図の上下には，日・月食が起こる原理図，七政古図と呼ぶトレミーの宇宙体系，七政新図というティコ・ブラーエの宇宙体系[*4]，望遠鏡による太陽，月，惑星の観測図が描かれ，解説文が記されているから，明らかに望遠鏡発明後の西洋天文学の知識を反映した星図であることがわかる．木星には4個，土星には5個の衛星も付いている．

　一方，「渾天全図」と大きさや形式がよく似た「輿地全図」と題する朝鮮の木版世界地図が以前から知られていた．朝鮮の非常に古い世界図の形態を取りながら，1770年にジェームズ・クックが英国領であることを宣言した新大陸オーストラリアなども描かれており，時代を無視したような一見奇妙な世界図である．従来，「渾天全図」と「輿地全図」とは別物で，互いに関係があるとは誰も考えなかった．しかし，戦

前にある日本人が韓国で購入したものは，両者が明らかにセットになっていた．また，両図の，全図という文字の字体も大きさも完全に同じであることから，これら天文図と世界図は最初から一組として制作された可能性が高い．だが，最新の天文学および地理学の成果を，わざわざ時代遅れの古代の形式で表現した理由は大きな謎である．

## 日時計の伝統

　日時計はどこの古代世界でも使用されたが，特に朝鮮では近世から近代に至るまで，種々の伝統的な日時計が製作され続けた．最古のものは6～7世紀に新羅で作られた円盤型の水平日時計で，花崗岩でできた約4分の1の円盤部が出土品として残っている．その後，高麗時代にはなぜか日時計の記録や現物は見つからない．しかし『世宗実録』には，仰釜日晷（ぎょうふにっき）（日晷は日時計のこと），天平日晷，定南日晷など，多種類の日時計の名前と説明が現れる．これもやはり，世宗の時代には天文学が盛んに研究された表れであろう．なかでも仰釜日晷は朝鮮時代を代表する日時計で，その後500年もの間，その伝統が継承された．実際，宮殿，官庁，高級官僚の屋敷の庭などに多く設置されたという．朝鮮時代の後期には，非常に精巧に製作された青銅製の仰釜日晷がいくつも作られた．

　天球に見立てた模型を作って，それによって天体の位置観測をする器具が渾天儀だったことはすでに述べた．仰釜日晷も原理的にはこれと同じで，尖った棒の先端の太陽による影をへこんだ球面の壁に投影する形式である．天球面上の天体

の位置を平面上に描くために，古代ギリシア人は数学的に厳密なステレオ投影法などを考案したが，朝鮮の日時計は三次元を三次元に投影するから，数学的にはより単純である．それに対して，青銅などの金属をへこんだ球面に鋳造するには高い技術が要求されたに違いないし，球面に時刻を表示する曲線を正確に刻むことも優れた職人技が必要だったと想像される．李氏朝鮮では，時間を測定する日時計のほかに，からくり技術を応用した自動水時計である「自撃漏（じげきろう）」なども製作された．

最後に，朝鮮王朝時代の渾天時計について簡単に触れて，朝鮮の天文学の項を終える．第3章で，中国の蘇頌が作った時計装置付の巨大プラネタリウムである「水運儀象台」について述べた．李氏朝鮮でも水力を利用する同様な天文時計も製作されたが，ここで紹介するのは，1669年に天文学者の宋以穎（そういえい）が作った，精巧な機械式の天文時計である．落下する錘を動力として，黄銅製の歯車を複雑に組み合わせ時計を動かすとともに，中心に地球がある渾天儀も自動的に駆動した．これら全体は，長さ約1.2メートル，高さ約1メートル，幅約0.5メートルの箱の中に収められていて，決められた時刻ごとに，やはり重錘を動力としてきれいな鐘の音が鳴る装置だった．このように複雑で精巧なからくり機械装置を，宋以穎が何の予備知識や経験もなしに，いきなり製作できたとは考えにくい．

中国の清朝宮廷には，輸入されたものや中国人の職人が作った精巧複雑な西洋機械時計の膨大なコレクションがあり，現在も故宮博物館の主要な収蔵品をなしている．宋以穎は，

中国でこれらの機械時計を見る機会があったか，あるいはそうした情報を得ることができたために，それを自分の機械式天文時計の製作に応用したのではないだろうか．この天文時計は現在も動かすことができるそうで，いずれにしても貴重な存在であることは疑いない．

**インドネシアの天文学**

インドシナ半島と東南アジアは，インドと中国の双方による政治的および文化的影響を等しく受けた地域である．例えば，中国に隣接するベトナムの外交史は，中国侵略軍に対する抵抗の歴史といってもよいほどだ．そのために，古代から近代まで，特にベトナムの北半分は文化的にも中国の強い影響下にあり，いわゆる漢字文化圏とみなすことができる．事実，例えば1479年に黎朝と呼ぶ王朝の命で編纂されたベトナムの正史，『大越史記全書』は漢文体で書かれている[*5]．その編纂方針も中国史書にならっていて，おそらく観象授時の立場から，天象記録もかなりの数が集められた．それらのうち，惑星と星，月と惑星の接近，日食・月食の記事などを現代天文学の立場から検証する研究も行われている．

一方，インド方面からの文化的，経済的な影響は，主として海路によってスマトラ，ジャワなど，現在のインドネシア諸島にもたらされた．氷河期にはインドネシア諸島はアジア大陸と陸続きだったが（スンダランドと呼ばれる），約1万年前に始まった高温期（ヒプシサーマル期）によって海水面が上昇し，現在のような1万近い数の島々に分かれた．BC1

世紀頃から，インド洋を船で渡ってきたインド商人たちがマラッカやインドネシア諸島を訪れるようになり，ヒンドゥー教文化が伝えられるようになった．7世紀にはジャワ島にスンダ族によるスンダ王国が，7〜13世紀にはスマトラにシュリビジャヤ王国が興り，仏教文化が栄えるようになる[*6]．11〜13世紀になると，かわってイスラム商人たちがインドネシア諸島に頻繁に往来するようになり，時の権力者と密接な関係を持つとともに，イスラム文化も浸透してゆく．やがて16世紀になると，ジャワ島にはドゥマク王国，スマトラ島にはアチェ王国などのイスラム国家が成立する．

**ヨーロッパ人が目にした南海の星々**

1596年にオランダ東インド会社の船隊が初めてジャワ島に到達し，17世紀以後オランダによるインドネシアの植民地化の時代が始まることになる．オランダ東インド会社の航海長だったP・ケイセルは，南天の星図を作るという目的を持ってこの航海に参加した．探検家のF・ド・ハウトマンらの協力を得て，マダガスカルやジャワで星の観測を行った．ケイセルは航海中に死亡したが，ハウトマンはスマトラなどでさらに数年間観測を続け，その結果をオランダの天文学者，P・プランシウスに報告した．プランシウスは二人の観測を整理し，カメレオン座，くじゃく座など，12個の南天の星座を新設して発表した．当時，西欧人にはほとんど知られていなかった南洋の珍しい動物の名前を意図的に付けたものらしい．これらの星座名は，後にドイツのヨハン・バイエルが出版した全天恒星図帳『ウラノメトリア』に引用されて

から広く普及するようになる．

## 星と太陽による季節暦

ところで，オランダ人の来航を待つまでもなく，インドネシアの人々は古代から南天の星々をよく知っていたし，それらを実生活にも利用していた．インドネシア諸島で最も広く注目されたのは，オリオン座の三ツ星だった（トレミーの星座では，ギリシア神話の勇者オリオンのベルトにあたる）．インドネシア語でワクル（牛に引かせて畑のうねを作る農具，鋤のこと）と呼ばれたオリオン座は，緯度が0度に近い熱帯地方のインドネシアでは日周運動で天頂付近を通過するため，特に目立つ存在だった（図22）．ワクルが見えない季節は稲の水田作業はなし，朝方にワルクが昇ってくる時が農業の開始，などと1年の季節を知るために利用されたから，この1年のことをオリオン年と呼ぶ場合もある．

オリオン座のほかにも，ジャワ島ではプレアデス星団（日本名すばる）もよく利用された．インドネシア諸島に特有な星座は，南十字星のわきにある「石炭袋」と呼ばれた暗黒星雲[*7]で，天の川を背景に黒い穴のように見えたため人々の注意を引いたのだろう．これら季節と星座の関係の成立は遅くとも8世紀頃までさかのぼるが，19世紀になるとイスラム王朝の天文官が季節ごとの星と星座をまとめて出版するまでになった．

また17世紀には，365日の太陽年を，長さの異なる12か月に分割する暦も生まれた．これは，図23に示すようなノーモンによる太陽の高度観測に基づいて作られた．1日の正

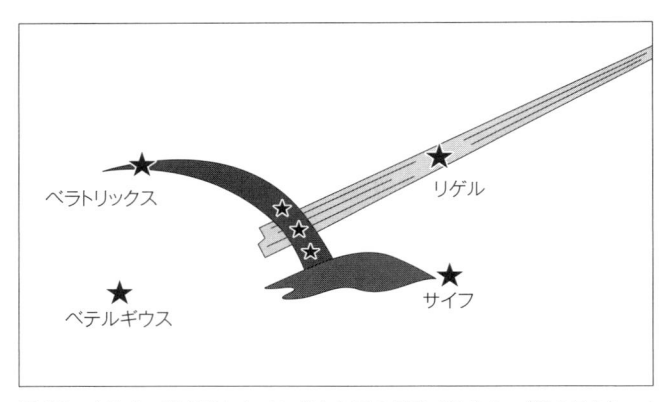

**図 22** オリオン座を表したインドネシアの星座「ワクル」(鋤のこと). ベラトリックスなどは,西洋の星の固有名である. 三ツ星は鋤の根もとに相当している.

午を知るための単純なノーモンは古代からあったが,現地語でベンチェットと呼ぶ図23のノーモンはずっと精密で,一種の日時計の機能も果たした. 1600年頃にイスラム商人がジャワ島にもたらしたと考えられ, 19世紀中頃まで使用された. 中部ジャワでは緯度が南緯7度あたりであるために,ノーモンが示す影の長さが次に述べるような興味深い特別な条件になっていた. すなわち,夏至には太陽は最も北に移動するから,夏至の日の正午には,天頂の南側にできるノーモンの影がいちばん長くなる. 一方,冬至の日の正午にはジャワでは反対の北側に影が生じる. そこで,影を投影する水平の物差し(圭)の上に,これら夏至と冬至の影の位置を線で目盛を付ければ,ノーモンの基部と夏至および冬至の目盛の長さの比は,緯度が南緯7度であるために,かなり正確に

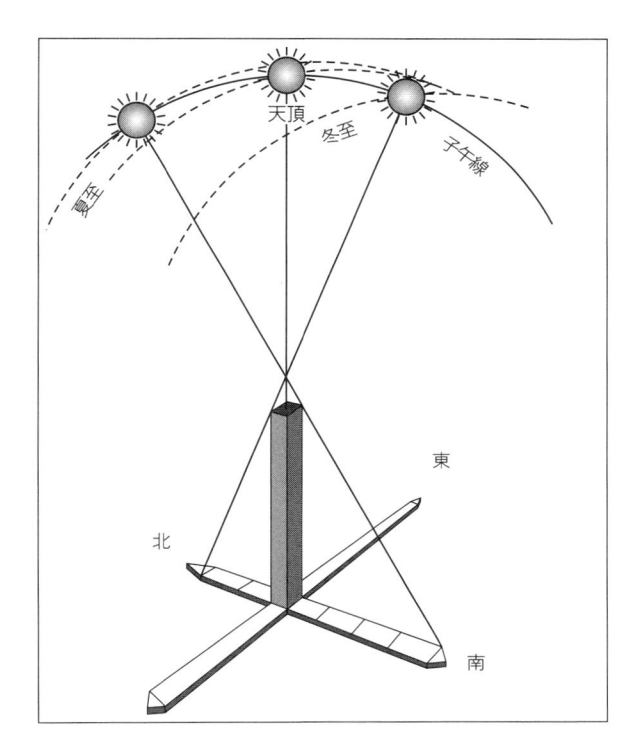

**図 23** ベンチェットと呼ばれるジャワ島のノーモン．北側の物差しは2目盛，南側は4目盛になっている．

2：1になることが計算で確かめられる．

　ベンチェットはこの特別な関係を利用した．冬至の長さの半分の位置に目盛を引き，夏至の長さの各4分の1のところに目盛を引けば，冬至と夏至の間隔は目盛線によって6等分される．1年間で太陽の影は夏至と冬至の目盛の間を往復す

第4章　韓国，東南アジアの天文学　　89

るから、このことは1年間を12等分、つまり12か月に分割したことになる．しかし、太陽の影は1年を通して一様な速さで動くわけではない．通常の太陽暦で5～6月と11～12月の頃は、1分割を影が移動するのが最も遅く約41～43日、逆に4月と8月には23～24日かかって1分割を移動してゆく．このようにして、ジャワ島でしか有効ではないが、上に述べたような、12か月の長さがそれぞれ異なる興味深い暦兼用の日時計が誕生したのだった．

夜間の星座は、インドネシアという多島海を船で移動する古代の航海者にとっても重要だった．南十字星（インドネシアでは凧に見たてた）である十字架の長軸は、ちょうど天の南極の方向を指しているため、航海者には特に役に立った．また、海の水平線に対する十字架の傾き角を測定することで、夜の時刻を知ることもできたのである．

## イスラムの太陰暦

現在のインドネシア共和国は、公式には他国と同じくグレゴリオ太陽暦を採用している．しかし、国民の大半はイスラム教徒だから、宗教的行事などには太陰暦であるイスラム暦が今も重要な役割を演じている．なかでも、9月に相当する「ラマダン」という名の断食月が最も重要である．イスラム教徒はラマダンの月の1か月間は、日出から日没まで日中は食事も水も取ることができないが、日々の労働は生活のために止めるわけにはいかない．夏期でなければ、断食しながら働くのもそれほど大変ではないだろう．他方、太陰暦の1年は354日か355日だから、長年月のうちにラマダンの月は季

節を通して徐々に移動してゆく．そのため，ラマダン月が熱暑や収穫の季節に重なった時の労働は，大きな苦痛が伴うだけでなく，場合によっては命にかかわる危険性もあった．

イスラムの太陰暦は，基本的には新月の日を観測から求めている．最も細い三日月が見えた夕方の日から新月の日を決めるのだが，曇って見えない場合もある．そのため，いかに合理的に新月の日を決められるかを研究することが，インドネシアの天文学では現在でも一つの大事な課題になっている．さらに，インドネシア諸島は，時差にして3時間に及ぶ東西の範囲に分布していることから，地域によって三日月の時刻と見え方も微妙に違い，問題をさらに複雑にしているとされる．

## バリ島の暦

11〜13世紀からスマトラ島，ジャワ島はイスラム王国が支配するようになった．その結果，それ以前のヒンドゥー文化は次第に東に追いやられ，最終的にはジャワ島の東端にあるバリ島に残るだけになった．このヒンドゥー文化による暦と土着の農業暦・宗教暦，近世の太陽暦が混然と融合して，バリ島には多種類の複雑な暦が歴史上も現在も使用されている．それらのうち「サカ暦」と呼ばれる暦は，太陰太陽暦である．そのため，暦の上の季節と実際の季節の関係を調整する閏月も約30か月ごとに挿入されている．このサカ暦の月名を調べると，ヒンドゥー文化が流入してくる以前には，バリ島では1年が10か月の暦が使われたことがわかるそうである．

もう一つの特異な暦は「ウク暦」として知られている．ウク暦の1年は210日で，7日の週を30回繰り返して1年としている．各週にはバリ島の祝祭日や宗教的行事を反映した名前が付けられているのが特徴である．この7日以外に，1日の週から10日の週まで10種類もの週の長さがあり，それらを複雑に組み合わせて，伝統的行事の日取りが決められるという．

## 近代的天文学へ

　今まで述べてきた話題の多くは，科学的な天文学というより，むしろ民族天文学の歴史という色彩が強かった．ところが，東インド会社のオランダ人がジャワ島に来航した17世紀から状況は変化してゆく．オランダ人が南海の空に興味を抱くにはいくつかの理由があった．未知の南天に星座を新設した話はすでに紹介した．他の理由の一つは，植民地としてのインドネシア諸島を開発し維持するために，島々の地図とそこに至る海図を整備する必要があったことである．そのために，測量の基礎としての測地天文学が植民地では発達した一方で，純粋科学としての天文学はまだ要求される段階ではなかった．

　20世紀初頭になると，オランダ本国などで，宇宙の構造を明らかにするために，全天の恒星の観測を統計的に解析することが重要であるという認識が高まってくる．これを先導したのがJ・C・カプタインというフローニンゲン大学の天文学者だった．しかし，当時手に入る南半球の恒星データは，北半球と比較してあまりに貧弱であった．そのため，南

半球の空を観測できる近代的な天文台建設を要望する声が強くなった．この頃ジャワ島には，お茶のプランテーション経営で成功したK・A・R・ボスカという有名人がいた．この人物に天文台建設の資金援助を依頼するため，南アフリカのケープタウンで連星[*9]の観測を行っていた天文学者らがボスカを説得した．その結果誕生したのが，ジャワ島の東にある高原都市バンドンの近郊に1920年代に建設されたボスカ天文台である．ここは，バンドン市のバンドン工科大学天文学教室とともに，現在でもインドネシアを代表する天文学研究の中心になっている．

### コラム1　インドネシアのボスカ天文台と宮地政司

　この天文台は，お茶のプランテーション経営者だったK・A・R・ボスカが資金を提供して，1920年代に建設されたことは本文で述べた．インドネシアの首都ジャカルタから約200キロメートル，標高700メートルの高地にバンドン市がある．その近郊の標高1300メートルのレンバン村にボスカ天文台は位置している．1928年には，今もここの主力施設である口径60センチメートルの二連屈折望遠鏡が導入された．もっぱらオランダ人が連星の研究などに使用した．フォートが初代台長を務め，高名な天文学者としては，宇宙論のド・ジッター，オランダにおける天体物理学の創始者パネケックらがボスカ天文台に滞在している．

　1940年頃から，日本は英米連合国と対立し，インド

シナや南洋諸島に無謀ともいえる軍事的な侵略の手を広げていった．そして 1941 年には太平洋戦争に突入する．1942 年にはオランダにも宣戦布告しジャワ島を占領した．これより先の 1922 年，岩手県にある水沢緯度観測所は，所長の木村栄による地球極運動の Z 項発見[*8]の功績によって，世界中の緯度観測データを解析する中央局になっていた．局長の木村は，南半球と赤道地域にも緯度観測所を設けることを提案し，それに応えてオランダは，1931 年にジャカルタ郊外に新観測所を設立した．日本軍のジャワ島進軍によって天文台施設や観測データが損なわれることを懸念した木村は，日本陸軍に請願した結果，日本人の天文学者数人が水沢からジャワ島に派遣されることになった．ジャワ島の緯度観測所の責任者には宮地政司が指名された．その時宮地は，遠く東ニューギニアで航空兵少尉として軍務に服していた．転属命令を受けた宮地は海軍の潜水艦に乗船し，3 か月もかかって 1943 年の 8 月にジャワ島に移送された．この頃には日本軍は完全に制海権を失っていたため，このように長い日数がかかったのである．なお，宮地が去った後，彼が所属したニューギニアの連隊は全滅した．

彼がジャワ島に着くとジャカルタの緯度観測所は損傷がひどく，ボスカ天文台へ移設することになった．宮地は後に，ニューギニアからの転属は「地獄から天国へ」だったと述懐している．実際，筆者も 1990 年代に，ボスカ天文台に 3 回各 1 か月ほど滞在する機会があった

> が，台長宿舎の周囲はジャスミンなど熱帯の草花が咲き乱れ，常によい香りが漂っていて天国にいる気分がしたものである．宮地らはフォート博士やインドネシア人職員とともにボスカ天文台で約1年半，1945年8月に日本が無条件降伏するまで観測を続けた．敗戦の報を受けて，宮地らは観測データや観測機器を梱包し天文台の図書室に収めた．フォート博士は，宮地の心中を察して慰めてくれたという．まもなく，現地義勇軍によって武装解除されたバンドンの日本軍と一緒にジャカルタまで連行された．翌年，宮地は日本に復員し，後に東京天文台長の職に就く．
>
> この記事は宮地の回想記を要約したものである．筆者の私は宮地の文を改めて読み直し，国同士，民族同士は戦争で憎しみ合っても，天文学という学問を通じてなら，金儲けや経済的利害に無縁な学問だからこそ，互いの国際理解は可能なのだ，天文学を職業に選んだのは間違いではなかったという気分になった．

(＊1) 和田雄治（1859～1918）は，東京大学物理学科を卒業して内務省地理局の気象掛に勤務した．天気予報や富士山頂での気象観測を初めて実施したり，日本近海の海流を研究して親潮と黒潮の特性を明らかにした．朝鮮の気象台に赴任した折には，朝鮮王朝の天文観測記録を発掘したり，朝鮮固有の雨量計の紹介を行った．

(＊2) ハングル（当時の呼び名は訓民正音）は日本語の単純な五十音仮名と違って，朝鮮語の複雑な母音・子音をうまく表現できるよう工夫されていて，世界中の言語音声をかなり忠実に表記できるとされる．韓国では近年，漢字を完全に廃止して，ほとんどの出版物をハングルのみで書くように改められた．

（＊3）筆者の研究によれば（2008年），日本では黄道座標による朝鮮の新法星図の系統は，「恒星並太陽及太陰五星十七箇之図」と題する1点が知られているに過ぎない．なお，「極円」という言葉は，黄道の極を中心に描いた半径23.5度の歳差円と区別するために用いた．

（＊4）16世紀中頃のヨーロッパでは，太陽系の宇宙体系として，地球を中心とする古代ギリシアのトレミーの地球中心説と，1543年にコペルニクスが発表した太陽中心説があった．デンマークのティコ・ブラーエは，地球中心説と太陽中心説を折衷したような説，つまり月と太陽は地球を中止に回転し，ほかの惑星は太陽の周りを回るという新たな宇宙像を提案した．この説は，もし地球が太陽の周りを回るのなら，当然見つかるはずの「年周視差」が検出されないことから考え出された．

（＊5）『大越史記全書』は，13世紀後半に書かれた『大越史記』，および1455年に編纂された『史記続編』を元に編纂された．

（＊6）ジャワ島の中部にある有名なボロブドゥール寺院は，9世紀初めに建設された大乗仏教の巨大な石造寺院である．この寺院の建物の方位は天文学的に意味があるとして最近検討が始まった．なお，中国や日本に伝来した仏教は，小乗仏教と呼ばれる．

（＊7）暗黒星雲とは，星間ガスや微小な星間塵が高密度に集まった領域（星間雲）である．星間雲の背後に天の川の星が密集した部分がある場合，天の川からの光が遮られて黒い穴のように見えるため，暗黒星雲と呼ばれた．一般に暗黒星雲は，星が誕生する場でもある．

（＊8）地球は北極の軸の周りに回転しているが，詳しく見るとこの極軸は地表に対して固定しているわけではない．自転軸は地表面上10〜20メートルの範囲を約400日の周期でふらふら回っている．これを「極運動」と呼ぶ．極運動は天文観測では緯度の変化として現れる．木村栄は1902年に，緯度変化の式に観測所の経度によらないZ項と名付けた新たな項を付け加えると，世界中の緯度観測値を統一的に説明できることを発見した（エピローグを参照）．

（＊9）連星は接近した一対の星で，本当は遠く離れているが単に見かけ上接近して見えるるものと，実際に接近してお互いの周りを惑星のように回っている連星とがある．ボスカ天文台でおもに観測された連星は，目で見て連星とわかる実視連星だった．ほかに，スペクトル観測でしかわからない分光連星も多数知られている．

## 第II部
# 第5章
# 古代・中世の日本天文学

　第I部では，古代オリエント，ギリシアの天文学から始まって，インド，中国，朝鮮，インドネシアの天文学の歴史について概観した．この第II部では，第I部で紹介した東洋の天文学からの影響を視野に入れながら，われわれの先人が日本の天文学をどのように築き上げていったかの歴史を見てゆこう．

### 環状列石遺跡と古代人の宇宙観
　ロンドンから約200キロメートル離れたソールズベリー平原は，「ストーンヘンジ」と呼ばれる円形に配置された複雑な構造の石造遺跡があることで有名である．遺跡の中心から見た主要な石柱の方位が，夏至に太陽が昇る方向やほかの天文学的に意味のある方向と一致していることから，初期に調査した天文学者らは天文遺跡であると主張した．しかし，専門の考古学者たちは，古代人の墓所や祭祀・集会の場所であ

るとしてゆずらない．ストーンヘンジが建造されたと推定される BC2500〜2000 年頃の英国には，歴史を記録した文字などもちろんなかったから，上に述べた諸説はどれも確実に否定も肯定もできず，真実は誰にもわからない．

　似たような円形，環状の古代石造遺跡は世界各所に存在するし，規模こそ小さいが日本にもいくつか見つかっている．例えば，秋田県大湯の環状列石である．時代は下がるが，中世のキリスト教会や奈良時代における寺院の建物の基線などはかなり正確に南北に向いて建てられていて，これは天文学的方法を使ったに違いない．マイケル・ホスキンによれば，有史以前の時代でも，ポルトガルやスペインにある古代墓所の多くは，秋の日出の方角に向けて建てられているとのことである．

　南北や日出の方向などが偶然でないとすれば，ではなぜ，それら天文学的に意味のある方角に向ける必要があったのか．人が住む住居なら，冬の日当たりなど生活環境を考慮した結果と考えられるが，教会や寺院の場合は特にその必要はない．むしろ原初の古代人には，未知の存在である天や天体への素朴な信仰，畏怖，尊敬の気持ち，つまり一種の宗教心があって，それが後にキリスト教や仏教などに取り込まれたのではないか．信仰，畏怖，尊敬の対象が動物・植物などの場合には，それらは地域ごとに異なるから，その表現の仕方も国や民族によって違うだろう．同じ意味で，墓所や祭祀・集会の場所も，円の形にしたり，ある一定の方向に向けて作ったりする必然性はない．三角でも四角形でもよいはずだ．一方，天と天体の場合は，太陽の出没，月の満ち欠け，日・

月食など,地球上のどこからでも同じ現象が見られる.同じ現象を目にすれば,地域が異なっても,それに対して人類は同じような感情を抱き,その感情を似たような方法で表現したと考えるのが自然なのではないだろうか.それが,世界中に共通に見られる,環状の列石や特定の方位と関係する石組の構造になったのではないかと私は想像する.つまり,環状列石の遺跡が世界中でどれも似ているということは,単なる墓所や祭祀・集会の場所というよりは,やはり何らかの古代人の天文観を表現しているとみなすほうが,私にはより説得力がある解釈のように思えるのである.

## 奈良地方の古墳天井星図

　環状列石が天文遺構であると証明することは,今はできない.では,天文学に関係することがはっきりわかる遺跡が日本に存在するだろうか.じつは,朝鮮や中国のものよりも精巧にみえる星座図を持つ遺跡が二つ見つかっている.

　一つは奈良県明日香村の高松塚古墳の「天井星宿図」である.1972年に発掘された.700年前後の終末期古墳と推定されている.薮内清の調査報告によれば,古墳の四壁に高句麗古墳の所で述べたような四神図が,天井には二十八宿を,7宿ずつ4方位にグループ分けした星座図が描かれている(図24).全部で約170個の星は直径9ミリメートルの丸い金箔を貼りつけ,星々を朱線でつないで星座を示していた.高句麗時代の朝鮮,中国で発掘された古墳天井星座図(例えば,図19)に比較すると高松塚のほうが精緻に描かれ,金箔の使用も珍しいという.不思議なことに,高松塚天井星図とよ

第5章　古代・中世の日本天文学　　99

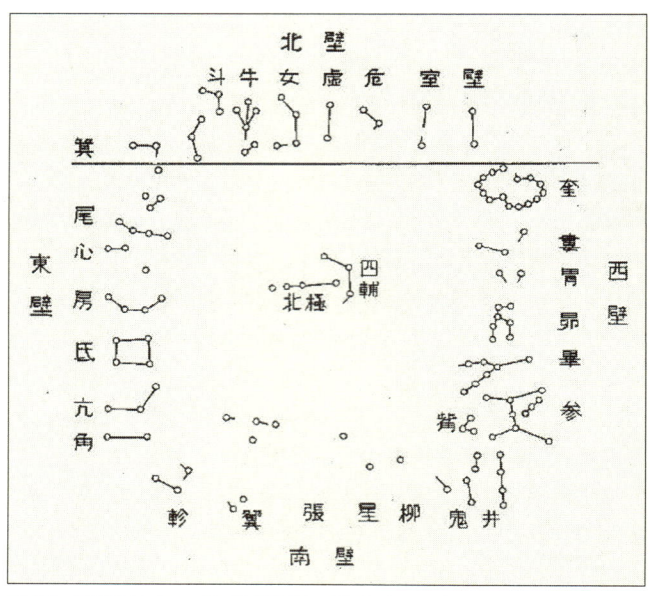

**図 24** 高松塚古墳の「天井星宿図」(薮内清 原画).上方の横線は天井石板の継ぎ目.二十八宿星座のほとんどが同定できる.

く似た配置の古墳星図は,中国西部の新疆省トルファンのアスタナ古墳で1例だけ発見されているが,中国・朝鮮では見つかっていない.このことはやはり,二十八宿星座図は中国起源であり,後に遠く東と西に伝播していったと考えるべきなのかもしれない.

次いで1998年に,高松塚古墳からわずか1キロメートルのキトラ古墳の内部にも,四神図と天井星座図が発見された.天文図関係の調査は天文学史家の宮島一彦氏が担当し

た．キトラ古墳は高松塚古墳とほぼ同じ，700年前後の築造と推定される．星は高松塚と同様の小丸の金箔で示され，星同士を結ぶ朱色の連結線も見られた[*1]．宮島氏が復元した図によれば，天の北極を中心とする赤道の円と内規・外規[*2]と呼ばれる3個の同心円，それに対して偏心した黄道の円が描かれている．星々は，北極付近の星座と二十八宿に加えて，それ以外の中国星座もかなりの数が刻まれていた．一見すると，朝鮮の「天象列次分野之図」（図21参照）に形態がかなり近く，ほかの古墳星図に類を見ない精密な星図という印象を受ける．天の川は描かれていない．

しかし詳しく測定すると，内規・外規，赤道の直径比が不正確だったり，黄道の偏心の方向が実際とは180度反転していたそうである（紙の星図を天井に裏返しに転写した誤りと考えられる）．各星宿の形もくずれたものが少なくなかった．それでも，利用できた計測データから，宮島氏はこの星図が観測されたのは緯度が約38度の地，制作年代はおおよそBC65年からAD400年頃の間と推定した．これらの結果から，「天象列次分野之図」の原図はキトラ古墳星図の原図とは別物らしいこと，および当時の日本人が独自にキトラのように進んだ星図を作る能力はまだなかったはずという判断から，その原図はおそらく中国・朝鮮からもたらされたものだろうと宮島氏は結論した．

私もこの結論に賛成である．ある古代史の専門家は，わが国の古墳星図が中国・朝鮮のものより精密に描かれていることから，作者としての日本人固有の緻密な性格が現れていると述べた．だが，高松塚，キトラの古墳に見られるような精

密な星図が描けるためには，その背景となるかなり進んだ天文学知識がなければならない．中国・朝鮮にはこの時代，またはそれ以前に，そのような星々の記録と天文学知識があったことは，中国，朝鮮の章ですでに見た．しかし日本の場合には，そうした事実はまったく知られていない．例えば最古の正史，『日本書紀』にも，数理的かつ体系的な天文知識を持つことを窺わせる日本人の記述も記事も見当たらない．したがって，古墳の天井に描かれた星座図を作ったのは，大陸の天文学知識を持った帰化人か渡来人ではなかったかと私は思う．とはいえ，特にキトラ古墳の天井図は，それ以外の星座図とは一線を画した科学的な星図に近い，世界的にみてもきわめて貴重な存在であることは疑いない．

## 中国天文学の伝来

多くの古代民族には，神話や伝承としての宇宙誕生説が見られる．『古事記』などを読むと，中国から最初の天文学知識が伝えられる以前，わが国にも天地開闢説があったことがわかる．しかし本書は，科学としての天文学の歴史が興味の中心だから，例えば「天の岩戸伝説」が日食であるといった，江戸時代から伝わる話題は他書に譲ることにしよう．

日本に大陸の文化が本格的に流入するのは，日本が高句麗と交戦した4世紀末以降である．その頃の日本人は，鉄器製造，製陶，機織り，土木，漢字の使用など，非常に多くの産業・技術分野で朝鮮半島の渡来人に依存していた．政治の面でも，6～7世紀になると大和朝廷が中央集権的な支配を強化するようになり，中国の隋や唐の諸制度を模範に，日本の

政治機構を整備していった．いわゆる，律令国家の成立である．600年（推古天皇8）には第1回の遣隋使が，630年（舒明天皇2）には最初の遣唐使が派遣された．中国への留学生が中国書を持ち帰り，中国の学者僧も来日するようになり，中国の政治制度，学問，文化の情報が直接わが国にもたらされるようになった．

　中国の伝統にならって，朝廷が国家を支配する根拠を正当化する目的で，天武天皇の時に始まった国史編纂の事業が，720年（養老4）には『日本書紀』として完成した．古い順に記された編年体で，難解な漢文の『日本書紀』は，日本最初の国による正史であり，中国各王朝の正史を手本にしたことがわかる[*3]．この節では，『日本書紀』から天文暦学に関連した部分を要約して紹介しよう．

　『日本書紀』で暦に関する記事が最初に現れるのは553年（欽明天皇14）で，暦博士などの交代要員を送れという勅令が朝鮮の百済へ発せられた．これに応えて翌年，暦博士固徳王保孫（こうとくおうほそん）が渡来する．朝廷で暦の計算などに携わったのだろうか．602年（推古天皇10）になると，やはり百済の僧，勧勒（かんろく）が来朝し，暦本のほか，天文地理書，遁甲方術（とんこうほうじゅつ）の書を献上した（図25）．そこで朝廷は数人の学生を選び，勧勒からそれらの学問を学ばせた．学生の名前も明記されている．この時代の歴史記録は朝鮮にも残っていないため勧勒の出自は不明だが，朝鮮の学問的レベルが日本よりずっと高かったことは容易に想像できる．ちなみにこの時代の「天文」とは，現代の天文学とはまったく別物と考えたほうがよい．天体や気象現象など天空に現れる異変を見て，吉凶を判断する占いの技術が天文だったのである．

図25　百済からの渡来僧，勧勒の坐像．（法隆寺 蔵）

## 陰 陽 寮

　天文暦学を管轄する役所（寮）として，7世紀に「陰陽寮」が設立された．これも中国にならった組織だが規模はずっと小さかった．陰陽頭（おんようのかみ）という寮の長官の下に，天文現象を監視してその報告と解釈をする天文博士，毎年の暦の計算・編纂に責任を持つ暦博士，漏刻（ろうこく）（水時計）を管理して時を知らせる漏刻博士，陰陽道*4 に基づく呪術を行う陰陽師たちとそれを統括する陰陽博士がいた．各博士は，それぞれ

の職掌に責任を持つとともに，仕事内容を継承・教育するための学生が各10～20名配置されていた．

『日本書紀』の671年（天智天皇10）の条には，「漏刻を新台に置き，初めて時の鐘を打ち鳴らす」とあり，この頃から宮中では水時計を動かして決まった時刻に鐘や太鼓で知らせたことがわかる．漏刻という名の水時計は，大きな容器の底にあけた小孔から水を少しずつ流し，流出した水の量が経過した時間に比例することを利用した時計で，これも中国から伝来した．特に曇天の夜間には，日時計も星も時間を知るには役立たないから，古代には水時計は洋の東西で広く使用された．

675年（天武天皇4）正月には，占星台が設けられたとある．これは天の異変を監視するために天文博士らが使用した観測所だったのだろう．朝鮮の章で紹介した慶州の瞻星台（せんせいだい）を思い出させるが，瞻星台の建設は占星台より28年前の647年だから，朝鮮からの影響が実際にあった可能性も考えられる．『日本書記』によると，天文現象の記録はそれぞれ統治した天皇の時代によって数がかなり違う．特に天武天皇の時は，わずか10年ほどの間に日食，オーロラ，彗星の出現などが集中して記録され，しかも星の名，星座名を記すなど，記述が詳しい．占星台を造った直後なので，天武天皇自身が天文観測を熱心に行わせたのかもしれない．

### 『日本書紀』の信ぴょう性

年代記としての『日本書紀』は，神代を除くと初代の神武天皇の東征から始まり，第41代の持統天皇の時代で終わっ

ている．『日本書紀』の年月日を単純に太陽暦に換算すると，神武天皇の即位はBC660年にあたる．そのため，国粋主義が勢力をふるっていた1940年（昭和15）には，神武天皇の即位年を日本固有の紀元2600年として盛大な催しや文化事業がいろいろ行われた．しかし戦前でも，神武天皇を実在の天皇と信じた人は少なかった．実在の天皇は，早くて第15代の応神天皇（3〜4世紀）から，または第26代の継体天皇（6世紀初め）からと一般には考えられている．

中国の正史にならった『日本書紀』には，各記事の年と日付に「干支」と呼ばれる番号の一種が付されている．例えば，甲子で，十干と十二支を組み合わせて作る*5．神武天皇が関東・東北地方を東征したとされる年の干支は甲寅になっていた．ところで，干支が生まれた中国では，日付の干支は殷代の甲骨文にも記されているほど歴史が古いが，年に干支を付けるようになるのは，ずっと後世の漢の時代（BC200年頃）からとされる．

それに対して，『日本書紀』ではBC660年から年に干支が記されていた——これは何を意味するのか．『日本書紀』が8世紀に編纂された時，伝承でしかなかった初期の天皇の物語に，正史としての権威付けと体裁を整えるため，後から推算して年の干支を付加したとしか考えられない．『日本書紀』の干支をそのまま受け取ると，初めの15代くらいまでの天皇は，100歳以上，150歳に及ぶ年齢の天皇が13人もいたことになる．神武天皇の紀元をBC660年という古い時代にするために，年齢を引き延ばすしかなかったのだろう．年と日の干支の計算をする目的で『日本書紀』に利用された中国の

暦法が，どの暦法だったかまで戦前に突き止めた研究者が東京天文台にはいた．しかし，当時の軍国主義の風潮では命を狙われる危険性があり，とても発表できるような状況ではなかった．

『日本書記』には日・月食も記録されている．暦に書かれた二十四節気の日付が実際の季節と数日違っていても，私たちが気付くことは少ない．しかし，日・月食の場合は，暦における太陽と月の運行データがわずかでも狂っていると，食が起こらなかったり欠け具合が異なったりするから，一般人でも暦の日・月食予報がはずれたことはすぐわかる．そのため，太陰太陽暦の改良には日・月食が最も重要視された．

『日本書紀』には，最初の日食記録である628年（推古天皇36）の日食ほか，696年（持統天皇10）まで10個の日食と，2個の月食が記されている．最初の5個の日食と月食は記録が間違ったものもあるが，実際に観測されたものらしい．それに対して，持統天皇の6年間だけで6個の日食が記載されている．これらを現代天文学の手法で検証すると，実際に起こった日食はなく，この頃から行われるようになった，中国暦法で計算した日食の予報を観測のように装って載せたことがわかる．こうした一種のごまかしは，『日本書記』以後の歴史書でも長い間行われ，本当の日食の記録数はじつに4割程度でしかなかった．

## 日本で使われた暦法と暦

上に述べた持統天皇の日食記事から推測できるとおり，この時代前後から中国暦法を使って，翌年の暦や暦日，日・月

食予報などが日本人暦博士らの手で計算されるようになった．彼らが用いた暦法は，「元嘉暦（げんか）」とそれに続く「儀鳳暦（ぎほう）」の二つだった．また，『日本書紀』の7世紀以前の暦日・干支も，この2暦法によって逆算されたことが証明されている．その後，ほかの暦法も短期間使われたが，渤海国（ぼっかい）の大使が唐朝の新しい暦法「宣明暦（せんみょう）」を献上した結果，862年（貞観4）からわが国でも宣明暦法による暦が使用されるようになった．

　社会で使用される暦は，暦日や節気，天文現象などを計算した後，朝廷の天文官である土御門家（つちみかど）（安倍家）が暦注と称する迷信を付記して発行された．「具注暦（ぐちゅう）」と呼ばれ，全部が漢文で書かれており，おそらく数十部が筆写されて，おもだった宮中貴族に頒布された．現存最古の具注暦は，正倉院文書の中に見られる740年代のものである．具注暦は貴族が日記として使用したから，通常はその年が終われば捨てられてしまうはずの暦が，現在まで残されることになった．

**日曜日の起源**

　具注暦には「蜜」という名の暦日があるが，これは天文学史における東西交流の観点からも興味深い．現在のカレンダーは，日曜日から始まり土曜日で終わる1週間の周期で表示されるのが普通である．この七曜が日本で一般化するのは，1873年（明治6）の太陽暦改暦以後であるが，じつはその歴史はもっとずっと古い．日曜は，古代のユダヤ教・キリスト教徒が，安息日（土曜）の翌日を教会に行く礼拝日としたのが始まりとされる．西洋では日曜は，ベスビオ火山の大噴火

（AD79年）で滅んだイタリアのポンペイ遺跡の壁にすでに記されていたという．ユダヤの日曜はその後，シルクロードを経由して遠く中国にも伝来した．

　日曜が日本にもたらされたのは，弘法大師（空海）が留学先の中国から帰朝した806年（大同元年）で，具注暦にも書かれるようになった．その頃の具注暦では，日曜の日付の上に朱で「蜜」と注記されている（蜜の字は，古代イラン語で日曜を意味するミールの音から来たらしい）．蜜が記されている現存最古の暦は，平安時代の公卿，藤原道長が書き残した日記，『御堂関白記』と呼ばれる具注暦である．その長徳4年7月6日壬戌，西暦では998年7月31日に初めて蜜と記され，これが日曜日にあたっていた．つまり日曜は，ポンペイ遺跡や弘法大師の時代から現在に至るまで2000年間も，途切れることなくずっと連続しているのである．太陽暦のユリウス暦が1582年にローマでグレゴリオ暦に改暦された時，暦日は10日間を飛ばしたが曜日には手をつけなかった．これが，古代から現在まで日曜が7日周期で連続している理由である．

## 『日本国見在書目録』

　律令時代の初期には，中国・朝鮮からの渡来人が日本人の指導や教育を行っていた．その際，彼らは当然中国の書物を携えてきたり輸入したことだろう．それらは現在残っていないが，9世紀終わりに勅撰された中国書（漢籍）の目録，『日本国見在書目録』によって，当時日本で利用された中国書の概要を知ることができる．撰者は藤原佐世で，875年

（貞観17）に宮中で火災が起こり多くの典籍が焼失したことが，この目録編纂の動機になったらしい．

　易家から惣集家まで，全部で40の分野の漢籍について，題名と巻数（冊数）を載せている．天文暦学に関しては，天文家に86種，暦数家に53種の漢籍が記される．天文書に含まれるのは，大部分が「客星占」（新星，彗星のこと），「彗星占」，「日・月暈占」（太陽・月にかかるカサで占う）などの占い書とその関連の星図・星表類である．漢代に盛んだった宇宙構造論を論じた『周髀算経』も見える．暦書のほうには，中国の暦を扱った元嘉暦，麟徳暦，儀鳳暦（日本では中国の麟徳暦のことを儀鳳暦と呼んだと一般にはいわれるが，ここでは麟徳暦とは別の書物として明記されている），中星暦などが収録されている．これら天文暦学書は，陰陽寮でも渡来人の指導のもとに日本人学生の教育に使われたのだろう．また，卜占に関する書物名も多数記されているから，安倍家や陰陽師もこれらの書物を種本にして占いを行ったに違いない．この目録には，中国では失われて現存しない書名（佚存書と呼ぶ）も含まれているので，貴重な目録である．

## 平安時代・中世の人々の天文観

　藤原定家（1162〜1241）は，「小倉百人一首」や「新古今和歌集」の撰者として知られた鎌倉時代初期の公家で歌人である．定家は，天文学の歴史では有名な『明月記』を書いている．『明月記』は定家が18歳から56年間書き継いだ日記である．その中に，天文現象に関する記事が多数見られる．天文学史研究家，斎藤国治の研究によれば，日・月食，月・

惑星の接近，彗星と客星の出現など，全部で143件もの天文現象が記されているから，定家はそうした天変に大きな関心を持っていたことがうかがえる．これらのうち最も著名なのは，1054年に出現した客星，つまり，それまで何もなかった空の一角に突然新しい星が明るく輝き出す新星（または超新星）を記録していたことである（彗星に客星という言葉を使うこともある）．日記では，オリオン座の近くに現れて木星のような明るさだったと記されている．これはおうし座に出現した超新星で，現在は「かに星雲」という名の超新星残骸として見えている．この1054年の超新星は，ほかに中国に詳細な記録が残るだけで，ヨーロッパではまったく気付かれなかったらしい．そのため，定家の超新星記録は，現代天文学がかに星雲の正体を解き明かし，新たな天体物理学の研究テーマを提供するのに大きな貢献をした，世界的に有名で重要な天文現象だった[*6]．

この1054年の超新星は定家が生まれる100年以上も前だから，もちろん自分で見た記録ではない．京都学園大学の臼井正氏によれば，『明月記』の中で1230年に彗星が出現した日付の個所に記されており，この超新星の部分だけ筆跡の異なる紙片が綴じ込んであったという．定家はじつは，陰陽寮の漏刻博士だった安倍泰俊，およびその養父泰忠（安倍家本家）と親しかった．そのため，新星，彗星の出現や日・月食が起こるたびに泰俊らから意見を聞いたり，出現を教えてもらうことができた．また，過去に出現した新天体のリストも提供されていたので，定家はそれらを日記に書き残したのである．1054年の超新星もそうした一例だった．安倍家は天

変を監視し吉凶を判断することが仕事だったから,天変の上奏文を書くために過去のデータをいつも用意していたらしい.同じような意味で定家も,客星の出現や日・月食が戦争,飢饉・災害の発生などとどう関連しているかを絶えず気にしていたのだろう.つまり,この時代の人々は,現代の私たちが天体に抱く興味や関心とはまったく違う気持ちで,夜空を眺めていたことがよくわかるのである.

**「格子月進図」**

星図は,それぞれの時代の天文学者の宇宙観を図にまとめたものといってもよいから,星図の歴史は天文学史の重要な要素の一つである.かつて,「格子月進図」と題する古い星図があった(図26).本物は太平洋戦争の戦災で焼失したので,複写した写真版だけが残されている.あまり知られてい

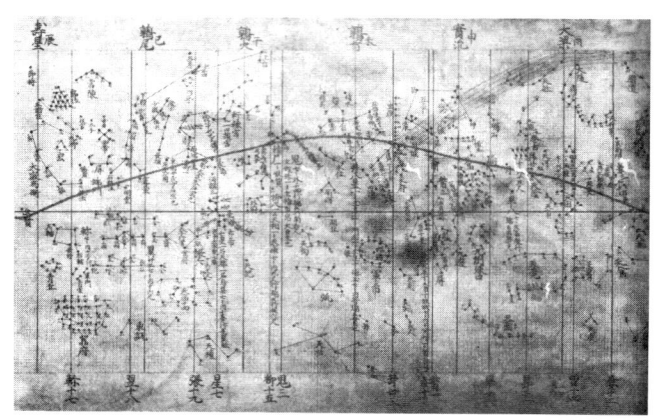

図26 「格子月進図」(部分).

ないこの星図が，じつは紙に描かれた日本最古の星図だった．

　図の添え書に，家にあった本から写して作った，と安倍泰世の署名がしてあるので，制作者がわかる．安倍泰世は天文道安倍家の本家筋の人で陰陽頭にもなった．表題の漢字のわきに，「よるのつきの，すすむをただす」と仮名が振ってある．この星図のいちばんの特徴は，紙が方眼紙のような細かい格子状のマス目であることだ．方眼自体は原図を正確に写し取るために描いたのだろうが，それを格子という言葉で表題に含ませたとも考えられる．あるいは，泰世の添え書には「子は夜也」と注記があるから，振り仮名のとおり「子（よる）の月の進むを格（ただ）すの図」と読ませるのかもしれない．黄道も描かれているが，かなり粗雑な描き方のため，黄道ではなく白道（月の通り道）とみなす研究者もいる．後者のほうが表題の趣旨にはよく合いそうだが，どちらが正しいか決着はつかない．

　それはともかく，泰世より以前に安倍家には中国の似たような星図があって，彼はそれを参考に 1320 年頃に自分の星図を作ったと推測される．月が二十八宿のどこにいるかで占いを行うのが目的で制作したと思われる．「格子月進図」の原図が何かはわからない．しかし，『日本国見在書目録』の中に，「三家簿讃」と呼ばれた星宿のリストや占い用の星図がいくつも載っているから，あるいはそのうちの一つが原図だったのかもしれない．また，12〜13 世紀の天文史料の中に，「格子月進図」だけに見られる星名がいくつか記されていることから，当時の陰陽寮関係者はこの原図を使用してい

たことがうかがえる．中国の章で述べた最古の印刷星図，『新儀象法要』（1092 年）にも似ているので，この系統の星図が原図だった可能性もある．いずれにせよ，「格子月進図」は紙に描かれた星図としては最も古いものの一つであり，きわめて貴重な存在であるといってよい．

　さらに興味深いのは，安倍泰世の四代前が泰忠で，泰忠は泰俊の養父だった点である．この二人は，藤原定家に 1054 年の超新星も含むいろいろな天変の情報や天文の知識を教えたことはすでに紹介した．とすれば，定家も「格子月進図」の原図である星図を見せられていた可能性は十分にある．このことからも，藤原定家や安倍泰忠，泰世らは，この時代の同じ天文観を共有していたことが理解できる．

## インドからの影響——宿曜道，符天暦

　宿曜道（すくようどう）とは，空海らの中国留学僧が平安時代に持ち帰った占星術の知識で，密教占星術ともいう．日本では道教や陰陽五行説も含んだ雑多な内容に変質してしまったが，本来はギリシアの影響を受けたインド占星術だった．『源氏物語』には，主人公光源氏の運命を宿曜師に占わせる場面が出てくる．このインド占星術に関係するのが「符天暦」である．

　符天暦自体は，唐朝の 780 年代に編纂された中国の暦法である．しかし，中国では散逸してしまっている．一方，日本には太陽運動論の一部だけが残されていて，その内容を検討するとギリシア・イスラム系のインド天文学に基づくことがわかるそうである．10 世紀の中頃に天台宗の僧が中国に渡り，符天暦を学んで帰朝した[*7]．12 世紀頃以来，日本の宿

曜師は日・月食の予報をめぐって，暦編纂に責任のある暦博士らをたびたび非難しているが，宿曜師は符天暦法を利用したのだろう．

　8世紀の初め，唐朝の国立天文台では，インド人天文学者瞿曇悉達(クドンシッタ)が台長に任命されていた．彼は718年にインド天文書を漢訳した『九執暦』を書いた．九執とは九曜のこと，つまり日月と5惑星および架空天体の羅候(らご)，計都(けいと)である[*8]．符天暦はこの『九執暦』が元になって生まれたと思われる．以上の経緯からわかるように，インド天文学は遠く10世紀の日本にまで影響を及ぼしていたのだった．なお，インド仏教系の宇宙観としては「須弥山(しゅみせん)」説がよく知られている．須弥山（またはメール山）という巨大な山の周囲を，太陽と月が周回するという世界像・宇宙像である．いつ頃からか中国を通じて日本にも伝えられ，仏教天文学者は幕末まで須弥山説を主張して譲らなかった．


（＊1）東京国立博物館編：特別展図録『キトラ古墳壁画』，2014年4-5月．

（＊2）内規とは，日周運動する星が常時見えている天の範囲の限界円のことで，地球上の緯度によって異なるが，星図上では天の北極を中心とする小円になる．外規とは逆に，天の南極付近にある星で，その緯度からは常に見えない天の限界円のことをいう．内規・外規を描くのが古代中国星図の伝統だった．

（＊3）歴史を記録するためには，紙と印刷の技術が不可欠である．『日本書紀』によれば，紙の製法と木版印刷術を初めて日本に伝えたのは，610年に来日した高句麗の僧，曇徴(どんちょう)だった．

（＊4）陰陽道とは，宮中に仕えた安倍家，後の土御門家が代々伝えた，自然界，人間界の吉凶を占う技術を体系化した学問のことである．本来は，陰と陽の二つの"気"の相克（陰陽説）と，木・火・土・金・水という5種類の物質の特性（五行説）によって，宇宙の成り立ちや進化を説明する，古代中国の自然哲学思想だった．しかし，日本人は陰陽五行説の内容がよく理解できなかったため，仏教，道教，神道などと土着の迷信を混ぜ合わせ，占いの技術として作り直したのである．

（＊5）十干と呼ばれる甲（かのえ），乙（かのと），……，壬（みずのえ），癸（みずのと）と，十二支の子（ね），丑（うし），……，戌（いぬ），亥（い）とを順に組み合わせて，甲子，乙丑，……，癸亥など60種類の数字を作った．六十干支とも呼ばれる．数え方は，最後の癸亥の次は最初の甲子に戻る．

（＊6）超新星現象は星の爆発である．星の内部では核融合反応によって順次重い元素が生成される．質量が太陽の10倍前後の星では，ある種の元素が生成される時に発熱が起こらなくなるため，重力によって急激に星が収縮し，その反動で星自体が爆発する．「かに星雲」は1054年の超新星爆発が残した星の残骸だった．

（＊7）『日本国見在書目録』には「唐七曜符天暦」の書名があるから，その頃にすでに伝わっていたことがわかる．

（＊8）インド天文学の章で出てきた，「ラフ」と「ケイト」のこと．黄道と白道の交点で，太陽と月が同時にこの付近にいる時だけ日・月食が起きる．

# 第6章

# 南蛮天文学と鎖国

　平安時代の後期，藤原氏が摂政関白政治を背景に勢力を伸ばした後に，地方の豪族の間から武士階級が台頭してくる．平氏と源氏の対立から鎌倉幕府の成立（1192年），その後南北朝の動乱を経て，やがて14世紀の末，足利氏の室町幕府が誕生する．足利幕府の将軍は15代続いたが，その中頃からは戦国大名が割拠して，16世紀後半まで戦乱の時代が断続的に300〜400年も継続した．こうした暴力と貧困に満ちた不安な社会情勢下では，天文学などをかえりみる余裕もなく，陰陽寮の制度と活動もすっかり衰退した．逆に，このような時代だったからこそ，人の運命を占う占星術としての天文だけは需要があったともいえる．

**最古の仮名暦，三島暦**
　具注暦は，陰陽寮の暦博士らが編纂した全文が漢字の暦であり，公家や位の高い貴族を対象にしていた．しかし，平安

時代中期以後に『源氏物語』などの女流文学作品を通して平仮名が普及してくると，まず具注暦の内容を仮名で書いた暦が作られる．やがて，具注暦の記載を簡略化したり庶民向けに書き改めたりした，いわゆる仮名暦が出現し民衆の間に普及するようになった．暦の形態も，具注暦では巻物に仕立てられていたが，後の仮名暦では木版印刷された，日常生活に便利な綴じ本の形になった．そのような仮名暦の最古のものが「三島暦」である．ずっと昔から，三島暦という言葉は印刷暦の代名詞としても使われたというから，その歴史の古いことがうかがわれる．

　8世紀に奈良から，現在の静岡県三島市の三島大社敷地内に移住してきた河合家が三島暦を発行し始めたと伝えられる．現存する最も古い三島暦は，足利学校図書館に残る1437年（永享9）の版で，宣明暦法で計算されていた．計算は京都の土御門家ではなく河合家自身で行っていたため，京都暦と比べると閏月がずれたり暦日が違っている例がいくつか報告されている．鎌倉時代には，鎌倉幕府が京都の朝廷に対抗して，三島で具注暦の印刷版まで作らせようとしたことを示唆する史料が残っているそうである．関東一円に頒布していたが，江戸時代に入ると販売が伊豆と相模の二国に制限されるようになった．

　戦国時代は，戦国大名が合戦に明け暮れていた時代である．戦争の駆け引きには軍師と呼ばれた作戦参謀が大きな役割を演じた．当時を描いた合戦屏風図の中には，背中に五芒星（☆印）のある羽織を着た軍師が描かれていることがあ

る．五芒星は安倍晴明のシンボルマーク，つまり，陰陽師が軍師を務めていたことがわかる．中世の合戦物，軍記物を読むと，明け方や夕方に現れた水星や金星の見え方で，攻撃を仕掛けるか，あるいは兵を引くかを軍師が判断する場面が出てくる．これも，陰陽師が占星術を用いて軍師役を演じたことを示しているのだろう．

## 南蛮人の来航

　1606年に書かれた『鉄炮記』という書物によれば，天文12年8月25日（1543年9月23日），九州種子島の西浦に見なれぬ中国船（ジャンク）が漂着した．この船に同乗していた3人のポルトガル人が，日本人が最初に遭遇したヨーロッパ人だった．彼らは日本人がそれまで見たこともない武器を2本携えていた．すなわち，鉄砲の伝来である．種子島の領主は刀鍛冶に鉄砲を複製させ，それがやがて戦国の日本中に広まった．鉄砲の伝来についてはほかにもいくつかの説があるが，その後，織田信長らが戦闘に鉄砲を積極的に活用した結果，日本統一に向けた新しい時代の幕開けが始まるのである．当時の日本人は，ポルトガル人，スペイン人を南蛮人，少し遅れて日本にやってきたオランダ人，英国人を紅毛人と呼んで区別した．前者はカトリックの国々であり，貿易とともにキリスト教布教がおもな目的で日本に接近してきたが，プロテスタントである後者の国はもっぱらお金儲け，貿易が目当てだった．

　1543年はじつは，天文学の歴史にとっても画期的な年だった．この年，ポーランドの司祭で天文学者のコペルニクス

が,『天球の回転について』と題する分厚い著書を出版した.印刷されたばかりの自著を病床で受け取ったコペルニクスは,その後まもなく死去する.太陽中心説(地動説)を難しい数学的理論を元に提唱したこの歴史的書物の意義は当初はなかなか理解されなかった.しかし,やがてヨーロッパの天文学界に「コペルニクス革命」と名付けられた一大衝撃を引き起こすことになる.

鉄砲伝来から 6 年後,1549 年(天文 18)になると,イエズス会結成者の一人だった宣教師フランシスコ・ザビエルが,インドのゴアから日本人信者に導かれて鹿児島に上陸した.薩摩藩主はザビエルがキリスト教を布教することを許可する.2 年ほど日本にいた後インドに戻ったザビエルは,日本での経験をふまえて,ローマのイエズス会本部に宛てて,次のような趣旨の手紙を書いた.

> 日本人は自分が見たほかのいかなる異教徒よりも理性的で従順な民族だ.議論が好きで,質問は際限がないほど知識欲に富んでいる.……地球が丸いことを彼らは知らなかったし,太陽の軌道についても知らない.流星,稲妻,雨,雲についても多くの質問が出た.彼らはまた,教わった知識を仲間に熱心に伝える.私は質問にみな答えることができたので,彼らは十分に満足し私は彼らの尊敬をかち得た…….
>
> 今後日本に来る神父は,日本人の質問に答えられるように,広い学識を備えた人が必要である.日本人学者との討論において,相手の矛盾を指摘できる技量も望ましいし,宇宙や天文学

の知識があるとますます都合がよい．なぜなら，日本人は天体の運行，日食，月の満ち欠け，雨の水はどこから生ずるか，などの解答を求めるからである．

　この手紙によってザビエルは，ローマ教会に対して，日本でのキリスト教布教の手段として，天文学などを利用するようにと勧告したわけである．他方，この手紙から，当時の多くの日本人は，素朴だが今の科学に近い好奇心から天文・気象に興味を寄せた様子がうかがえる．これは，中世の人々が陰陽道的な不安や恐れから天文現象に関心を抱いたのとは明らかに異なる反応だった，つまり新しい気運の芽生えのように私には感じられる．事実，この頃から鎖国以前までの時代は，日本人が最も自由な空気を謳歌できた時期だった．後で述べるような，南蛮人から教わった航海術を使って，多くの日本人が八幡船や朱印船[*1]，外国船に乗り組み，遠く東南アジア，南海まで出掛けていったのである．これは，戦乱の時代だったからこそ，既成の宗教，道徳，伝統に縛られない生き方ができた──宣教師に接した日本人の宇宙，天文現象への強い関心も，そうした新しい時代の息吹を反映していたのではないだろうか．

### 『元和航海書』

　ヨーロッパ船が東洋に来航するには，自分の船がいる場所を知るために天文観測による緯度測定が欠かせなかった．この天文航海術をポルトガル人から教授されて後に本にまとめたものが，1618年（元和4）の『元和航海書』である．その

序文によると，この編著者は長崎在住の池田与右衛門好運だった．彼は1616年（元和2）から2年間，ポルトガル人船長マノエル・ゴンサロについてルソン（現在のフィリピン）へ航海し，実地に西洋の航海術を修得した．したがって，この本に出てくる航海や天文学の用語は，ポルトガル語が片仮名書きされている．

『元和航海書』の内容で天文学に関係した最も重要な箇所は，洋上の船から太陽高度を測定して，その結果からその地点の緯度を計算する方法を説明した部分である．すなわち，第2章に出てきたアストロラーベ（ポルトガル語でアストロラビヨと書かれていた）を用いて正午の太陽高度を測定し，太陽の天球上の緯度（赤緯）の表と比べてその地点の緯度を求める[*2]．表は4種類あり，観測者または太陽が赤道の北にあるか南にあるかで使い分ける．各表は太陽暦の毎日の日付に対して太陽の赤緯を引くようになっており，366日の閏年を考慮して4年ごとに繰り返す表が，1629年から数十年間にわたって作られていた．この表とその使用法が『元和航海書』の主要部分だが，そのほかに，緯度の説明，地球の大きさを里で表した数値，32方位の方向に船が一定距離進んだ時に緯度はどう変化するかなど，西洋天文学の基礎知識も解説していた．天体の高度を測定するアストロラビヨや象限儀の図も載せていることから，実用的な航海天文学の教科書といってよい．

鎖国の時代になると遠洋航海は禁止されたが，『元和航海書』を元にしたと推定される天文書や航海術の本がその後いくつか執筆されており，『元和航海書』には幕末近くまで関

心を持つ人がいたことが知れる．なお，実際の遠洋航海に必須なもう一つのものは海図である．この時代にはメルカトル図法の海図はまだ普及しておらず，13世紀中頃に考案されたいわゆるポルトラノ海図が日本人の間でも使用された．

**宣教師による南蛮天文学の教育**

ザビエルが，天文学に優れた宣教師を日本に派遣するのが望ましいと，ローマへの手紙に書いたことは上に述べた．中国の場合には，似たような要請に応えてマテオ・リッチに代表される優れた学者たちが北京に送られた．中国人高官の強い支持もあって，中国王朝の国立天文台台長に就く宣教師まで現れた．他方，日本の場合は，例えば，月食を利用して長崎の経度を初めて決定したイエズス会の天文学者カルロ・スピノラが来日したが，日本人は彼の優れた天文学知識から学ぶこともなく，最後は長崎で火あぶりの刑にしてしまった．日本はまだ不安定な戦乱の時代で，西洋天文学を受け入れる準備ができていなかった結果なのかもしれないが，惜しい話である．また，宣教師たちのほうも，広範な布教・教育活動ができるほど組織化されていなかった．

それでも1580年頃には，コレジオ，セミナリヨと呼ばれた日本人司祭を養成する学校が，九州と安土に開校された．そこで教えられた西洋の天文学を「南蛮天文学」という．活版印刷機を用いて，キリシタン版と称する本の出版まで行われた．これら学校教育のために，1583年に来日したペドロ・ゴメス神父は，10年後『コンペンディウム（概要）』という教科書をラテン語で執筆する（後に日本語にも訳され

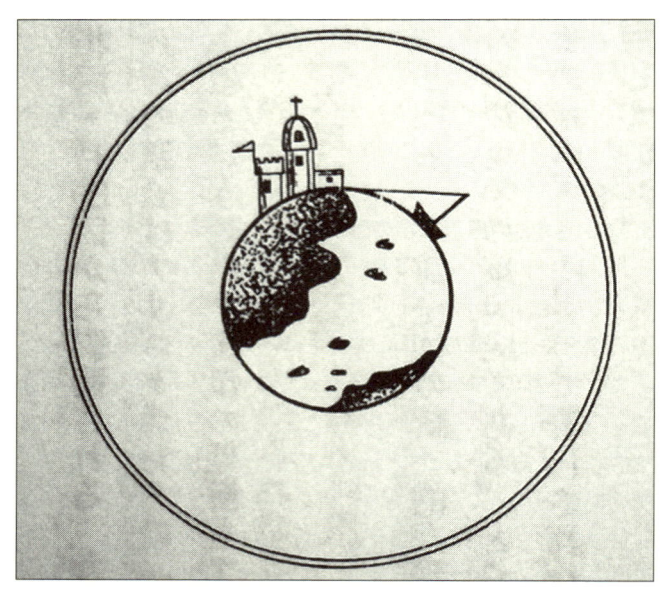

**図 27** 『天球論』の中で地球が丸いことを説明した図. 船が陸地に近づいてくると, 船の帆柱の先端から見えてくると述べている.

た). その中の「天球論」は, パリ大学の数学教授サクロボスコが 1230 年頃に出版した『天球論』に基づいていた（図 27）. つまり, その内容は第 1 章で述べたトレミーの宇宙体系とアリストテレスの自然学だった.

1582 年（天正 10）に九州のキリシタン大名たちがローマに派遣した天正少年遣欧使節の 4 人は, みな九州のセミナリヨで学んでいる. その一人, 14 歳の千々石ミゲルは, 西洋の天文学や航海術に大きな関心を持ち, 往復での船上では天文学の本を学習した. また, 日本の同胞の希望に応えるため

に，ヨーロッパからアストロラーベ，コンパス，海図などを持ち帰ったと，同行した西洋人神父が「遣欧使節見聞対話録」に書き残している．もしミゲルがこのまま天文学の勉学を続けていたら，西洋天文学を体系的に修得したわが国最初の天文学者になっていたかもしれない．しかしミゲルは，ヨーロッパで見聞したキリスト教の実態に失望したらしく，帰国後に4人のうち一人だけ棄教した．そのためイエズス会からは除名されただけでなく，仕官した領主との関係も悪くなり，裏切者扱いされて晩年は寂しく死んだようである．

宣教師が日本人に教えた西洋の天文学と宇宙観は，大きな驚きと好奇心を持って受け取られたが，日本の知識階級である儒学者や仏教学者からは強い反発や抵抗を受けた．そうした例を紹介しよう．林信勝羅山という当時を代表する儒者がいる．羅山は中国の朱子学で才能を認められ，徳川家康の学問的ブレーンとなった．後に上野忍岡に学問所を建てることを許可され，林家が代々その学頭を務めた（神田の昌平坂学問所の前身である）．この羅山が，天地の問題について，西洋科学の立場から説いたキリスト教信者と論争したことを書きとめている．京都でイエズス会のアカデミアを訪問して西洋のプリズムなど科学器具を見学した後，羅山は日本人修道士不干斎ハビアンの説明に激しく反駁した．ハビアンの説く地球球体説に対して，「地下に天があろうはずはない．天地の形は中国古来から，天は円，地は方形に決まっている．……プリズムなどは人心を惑わす異教徒の単なる玩具である．そもそもキリシタンの説く話は，蚊やあぶと同じ意味を

なさない叫び声に過ぎない」と決めつけて引き上げたと，得意そうに語っている．一方のハビアンは，羅山に論破されたためにすっかり自信を失い，後に棄教したと伝えられる．ハビアンは学者ではなかったから，羅山に対抗できなかったのも無理はなかった．

　宣教師らが説く西洋の天地論に対するほかの儒学者や仏僧の反応も，おそらく羅山の反応と似たり寄ったりだったことだろう．羅山の場合は，単なるこじつけで相手をやり込めた事例がほかにもいくつかあり，人間的に問題があったのかもしれない．羅山が教条的な反応しか示さなかったのに対して，中国天文暦学の専門家でありながら，西洋天文学の説明に対して理性的な対応を見せた人物もいた．1562年（永禄5），京都にいたあるキリシタン神父は，大勢の弟子と信者を連れた位の高い僧正の訪問を受けた．この僧は，月の満ち欠けの原因に関して，インド伝来の須弥山説を詳しく説明して，神父の意見を聞きたいと迫った．たまたまその場に，高貴な公家で天文学者のアキマサという名の人が居合わせた．僧正の言葉を聞きとがめたアキマサは，「私はあなたの地位と学問を尊敬しています．しかし，天文学に関しては，そのような愚かで子どものような説をあなたが主張するのは残念です．私は天文を職業とする者で，アキマサという名はあなたもお聞き及びのことでしょう」といった．これを聞いた僧正は，一言の反論もせずそそくさと立ち去ったという．このアキマサは，暦博士の一族の賀茂在昌(あきまさ)だったことがわかっている．アキマサは宣教師の説く日・月食や天体運行の知識に深い感銘を受け，家族ともども洗礼を受けてキリシタンに改

宗した．また，アキマサは，豊臣秀吉に改暦問題で意見を述べ，暦も献上している．

このほか，アキマサの時と同じ年に，二人の仏僧が鹿児島にいた修道士のアルメイダを訪れた話もある．二人はアルメイダから詳しい西洋天文学の説明を聞き感心して帰ったことが，ルイス・フロイスの『日本史』に記されている．しかし結局は，これら僧侶や天文博士らも自分のなかで納得したに留まり，西洋の天文学と宇宙観が日本人学者コミュニティの共通理解として定着するには至らなかった．

### 『乾坤弁説』

ヨーロッパからの宣教師が日本に初めてやって来た時，最初に接触した九州の大名らはキリスト教の布教を許可し，みずからも洗礼を受けてキリシタンになった大名もいた．また，戦国の世から日本統一に向けて活躍した織田信長，豊臣秀吉，徳川家康らも，南蛮人，紅毛人による貿易目的の来航を歓迎し，キリスト教の布教と日本人による信仰を黙認していた．それがある時期から急にキリシタン弾圧に変わっていった．その理由は単純ではないが，1596年に起こったサン・フェリペ号事件が原因の一つだったとされる．このスペイン船は暴風雨に遭い，土佐の海岸に漂着した．秀吉の家臣は彼らを幽閉し積荷を取り上げた．船長は秀吉に抗議したが埒が明かず腹立ちまぎれに，スペインやポルトガルは宣教師を先触れとして日本など簡単に占領できると大言壮語したと伝えられる．その結果が，翌年1597年の長崎における有名な二十六聖人の処刑につながったというのが一つの解釈であ

る．この後も宣教師と日本人信者に対する残虐な処刑と弾圧が続いたため，彼らは地下に潜って布教活動をするしか方法がなくなった．

1624年（寛永元年）に入るとスペイン船の来航を禁止，1630年（寛永7）には，いわゆる「禁書令」，つまり中国の宣教師が漢文で書いたキリシタン関係書籍の輸入が禁止される．1633年（寛永10）には日本人の海外渡海と帰国の禁止令が出た．1639年（寛永16）にはポルトガル船も禁止され，オランダ船だけの来航を許す布告が発せられて，ここに鎖国政策が完成することになった．しかしそれでも，捕まれば処刑されることを覚悟で，鎖国下の日本に潜入してくる宣教師は後を絶たなかった．

1643年（寛永20），イタリア人宣教師のジュゼッペ・キアラたちが秘かに福岡県の小島に上陸した．だが間もなく捕えられ，江戸に護送される．小石川のきりしたん屋敷に幽閉された[*3,4]．キアラの場合，棄教した後に帰化を許されて岡本三右衛門と名乗り，この屋敷で40年以上も過ごして一生を終えた．通説では，キアラは日本上陸の際，1冊の天文書を携えていた．この本は宗門 改 奉行としてキアラを尋問した井上筑後守政重の手に渡った．井上は，ころび伴天連とあだ名された沢野忠庵にこの天文書を翻訳するように命じた．この忠庵は，元はクリストファン・フェレイラといい，1609年（慶長14）に来日したポルトガル人宣教師だった．激化する一方のキリシタン弾圧に耐えて長年布教を続けたが，ついに1633年（寛永10）長崎で捕えられた．穴吊りの刑という酷い拷問の末に棄教し，沢野忠庵と名乗ってキリシタンを

摘発する側に立ったため，目明し忠庵とも呼ばれた．忠庵は日本婦人をめとり，日本人に南蛮流の外科医術を伝えたことでも知られている．

　忠庵はキアラの天文書の概要をローマ字綴りで日本語に翻訳した．1650年頃に完成したらしい．翻訳は長崎の通詞が保管していたが，長崎奉行の命でこの通詞が1656年に日本文に書き改め，それに長崎の書物改め役だった向井元升(げんしょう)が訂正・批評を加えてでき上がったのが『乾坤弁説(けんこんべんぜつ)』である．だから，『乾坤弁説』は忠庵と向井の合作といってよい．ちなみに，向井元升の二男が松尾芭蕉の高弟として知られた俳人，向井去来(きょらい)である．本書の表題の乾坤とは天と地であり，天地の理を説いた本だった．

　本文の前半は，地・水・火・風が「四大」と呼ばれる基本元素であり，それらの離散集合によって潮汐，地震，温泉から雨・霜・雪などの気象現象までが起こると説明する．また，後半では地球を中心とした天動説について述べている．ギリシアの同心球宇宙に起源を持つ日月と5惑星の7重天がまずあり，その外に星々を乗せた天球と歳差の天球，そしていちばん外側は日周運動を起こすための第10天である．各惑星の天球は偏心しており，内側の惑星の最も遠い点（遠地点）がその外側の惑星天球の最も近い点（近地点）とぴったり接触しているような宇宙モデルだった．また，各惑星天の半径と天の厚みを里の数値で与えているのも本書の特徴である．例えば，月までの天の高さは40,210里，この天の厚さは36,352里といった具合である．これらの説明に対して，向井元升はそれぞれ弁説を加えている．向井は林羅山などと

は異なって，比較的柔軟な思考ができる人だったらしく，例えば，地球が丸いという説，地球が宇宙の中心であるとする説には賛成している．しかし，多くの証拠を列挙して論証してゆく『乾坤弁説』の説明の仕方には，向井はなじめなかったようで，結局，西洋の学問は表面的な現象や証拠にばかり重点を置いて，中国の宋学，朱子学のような思想的な深みがないと批判している．

### 長崎の南蛮流天文家

この時代の長崎には，中国の天文学を研究する学者と，南蛮流の天文家の両方がいた．前者の例は西川如見で，中国の天文と地理に関する著書を多く残した．『天文義論』(1712年（正徳2））がその一つである．一方，南蛮天文学の代表は小林義信謙貞だった．中国からの帰化人の子孫が1731年（享保16）に編纂した『長崎先民伝』には謙貞の伝記が載っている．それによると，謙貞は林吉右衛門という人物から南蛮流天文学の手ほどきを受けた．吉右衛門は天文・地理・暦法・星宿に詳しかったが，キリシタンであったためひっそりと弟子をとって教えていた．この吉右衛門が，長崎における南蛮流天文家の先駆ということになっている．しかし，詳細はわからないが，鎖国後の1646年（正保3）にはキリシタンとして逮捕され，処刑されてしまう．この時，やはり弟子であった謙貞も連座して逮捕され，その後21年もの間投獄されていた．1667年（寛文7）になり67歳でようやく釈放された．釈放後，広く南蛮流の天文暦学を教え，弟子は長崎だけでなく，大坂にも少なくなかった．謙貞に学んだある中

国人帰化人の残した書簡では，小林には多数の著述があったが，現存しているのは以下に述べる『二儀略説』だけである（図28）．なお，日本測量術の始祖と呼ばれる樋口権右衛門という人物がいたが，樋口は小林と同一人物であるとされている．

　『二儀略説』の本文には小林の名はないが，本書を筆写した人物が末尾に，著者は長崎の小林謙貞であると記している．この序文には，二儀とは天文と地理のことと書かれているものの，地理の内容は現在の地理ではなく，自然現象全体を意味していた．本文は上編と下編からなる．上編には，天地をなす各層は，「四大」と称する4元素，地・水・火・風から構成されていると説いている．また，天上界は常に規則正しい運行をしていて，地上界の物質とは異なる永遠不滅の性質があると述べる．これは，ギリシアのアリストテレスらが説いた宇宙の姿であり，天上界の不滅の物質とはエーテルと呼ばれた架空の物質のことだった．そのほか，宇宙は地球を中心にして，月・太陽，5惑星，恒星天など，9重の天球が取り巻いているとも述べている．また，日月の運行の説明と春夏秋冬が起きる原因，日食月食，暦法についても簡単ながら説明していた．

　以上から判断すると，この宇宙モデルは，すでに紹介した『乾坤弁説』の内容と非常によく似ていることがわかると思う．ただし，『乾坤弁説』のように，各天体までの距離を具体的数値で示したような記述は見られない．

　ある研究者は，セミナリヨで教えられた「天球論」と，『二儀略説』を項目ごとに比べてみた．その結果，記載の順

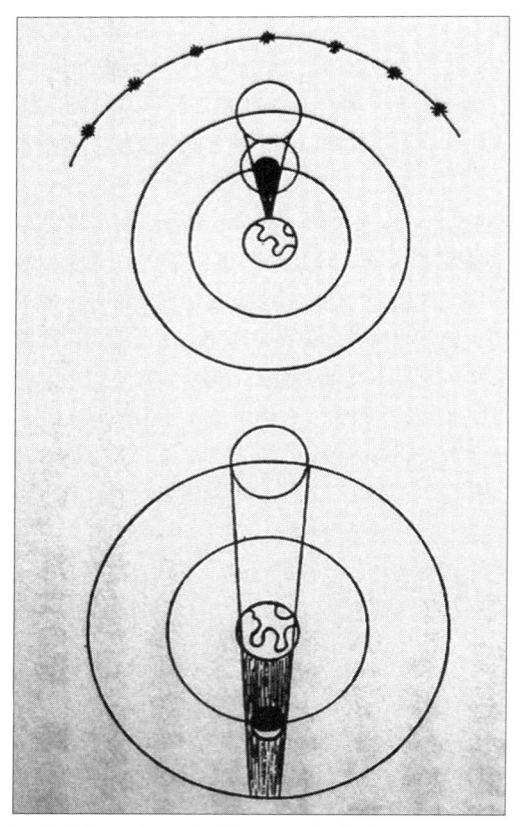

**図 28** 『二儀略説』の中で日食（上）と月食（下）を説明した図．中国の伝統的天文学では，このような図解が用いられることはほとんどなかった．

序まで両者の内容はよく対応すると結論している．このことは，『二儀略説』が『乾坤弁説』より50年も前に日本で教えられた天文学の内容を伝えていると考えられる．この推定

は，謙貞に学んだ中国人の帰化人が友人に宛てた書簡の中で，謙貞の天文学はかつて西洋人の按針（パイロット，水先案内人）から伝授されたと書いていることと矛盾はない．

ところで，『二儀略説』には年記がないので，本書が書かれた年代は不明である．しかし謙貞が入獄中には天文学を研究する余裕などあったとは思えないから，執筆したのはおそらく釈放された1667年（寛文7）からだいぶ後，晩年の時期だったろう．とすれば，あるいは謙貞は何らかのつてで『乾坤弁説』の内容を知る機会があったかもしれないし，それが両者の内容が似ている一つの理由かもしれない．いずれにしても『二儀略説』は，日本人が西洋天文学の概要を記した最も古い著作の可能性が高い．このように書くと，謙貞の天文学は概念的な知識だけで，天文暦学の計算などはできなかったと誤解されるかもしれない．先の『長崎先民伝』によれば，宣明暦法による1683年（天和3）の暦は月食が起きると予報していたが，謙貞は独自に計算してこの予報は誤りと指摘した．そして実際に月食は起きなかった．このことは，謙貞の学問は単なる天文学知識の寄せ集めではなく，数理的な天文暦学も理解していたことを示唆している．

謙貞には多くの門人がいたが，後を継ぐような優秀な弟子はおらず，謙貞の没後，長崎の南蛮天文学の系統はやがて絶えてしまう．次に長崎に西洋天文学が復活するのは，オランダ語通詞の時代まで待たねばならなかった．

（＊1）八幡船とは，戦国・安土桃山時代に南海や東南アジアまで進出した日本人海賊がおもに密貿易に使用した船で，倭寇の船といってもよい．これに対して，朱印船は日本の支配者が朱印状（海外渡航貿易の許可証）を与えて公式に認めた貿易船であり，現地の支配者の保護を受けることができた．

（＊2）正午に測定された太陽高度角を$h$，天体暦に出ている太陽の赤緯を$δ$，その地点の地球上の緯度を$φ$とすると，$φ = δ + h - 90°$の関係があり，この式で計算する．

（＊3）江戸小石川の井上筑後守の下屋敷で，ここに捕えられた宣教師が収容され，尋問や処罰が行われた．

（＊4）小説家，遠藤周作には『沈黙』という題の作品がある．背教者になったフェレイラを再びキリシタンに戻すべく来日したキアラが，捕えられ拷問にあって棄教するまでの心理的葛藤を，遠藤はクリスチャンの立場から描写した．

# 第 7 章
# 科学的天文学の始まり：
# 渋川春海と将軍吉宗

　豊臣秀吉の死後，徳川家康が全国に支配権を延ばしたため，豊臣方と徳川方の対立は決定的となった．その結果，関ヶ原の戦い，および大坂冬の陣・夏の陣を経て豊臣氏は滅亡する．家康は 1603 年（慶長 8）に，征夷大将軍に任ぜられて江戸に幕府を開き，江戸時代が始まる．2 年後，家康は子の秀忠に将軍職をゆずり駿府（現在の静岡県静岡市）に移ったが，家康は依然として大御所として徳川幕府の実権を握っていた．

**望遠鏡の伝来**
　1600 年（慶長 5），オランダ商船リーフデ号が大分県臼杵に漂着した．幕府による取り調べの後，乗組員オランダ人ヤン・ヨーステンや英国人航海士ウィリアム・アダムスは，外交顧問として家康に仕えることになる[*1]．少し遅れて 1613 年（慶長 18），今度は英国東インド会社の艦隊が，英国国王

の国書を携えて長崎の平戸に来航した．艦隊長官だったジョン・セーリスは，ウィリアム・アダムスの助力で駿府に家康を訪問し，通商を求めて家康に謁見した．この時セーリスは，贈物の一つとして「遠眼鏡(とおめがね)」を家康に奉呈した．

　このことは，日本と英国の双方の歴史的記録に残されており日付も一致する．セーリスが執筆した『日本渡航記』には，銀の台座に据えた金箔張りの望遠鏡を家康に献上したと記され，値段まで書かれている．一方，日本側の記録は，『駿府記』の中に見える．「長さ一間ほどの靉靆(あいたい)，六里先まで見える」と記している．靉靆とはめがねを意味する古い言葉である．六里（約 24 キロメートル）まで見えたというから，かなり性能の良い望遠鏡だったらしい．外見も，日本の最高権力者に献上するため，金銀で豪華に装飾されていた．残念ながらこの望遠鏡は現存しない．

　次に述べるように，望遠鏡は 1608 年にヨーロッパで発明された．家康が望遠鏡を手にしたのはそのわずか 5 年後である．当時のヨーロッパ船は，アフリカの喜望峰を回りインド洋を越えてはるばる日本にやってきた．帆船は季節風を利用して航行する．そのため，風待ちの期間も入れると 2 年くらいかかるのは珍しくなかったから，望遠鏡の伝来は当時としては，非常に素早い文化の伝播だったといってよいだろう．

## 望遠鏡の発明と天体観測

　［コラム 2］にも紹介したように，望遠鏡は 1608 年にオランダで発明された．ハンス・リッパヘイを含む数人がほぼ同時に発明したとされる．眼鏡用の凸レンズと凹レンズを組み

合わせて実験をしていた時に，偶然に発明されたらしい．対物レンズに凸レンズ，目でのぞく側のレンズに凹レンズを用いる望遠鏡のことを，オランダ式望遠鏡，またはガリレオ式望遠鏡と呼ぶ*2．望遠鏡は軍事的にも非常に有用だったから，またたく間にヨーロッパ中に広まった．

　望遠鏡を初めて天体に向け，数々の発見を成し遂げたのがイタリアの数学者・物理学者ガリレオ・ガリレイ（1564〜1642）だった．オランダで望遠鏡が発明されたという噂を聞いて，光学理論をもとにレンズの構成を考え出した．当初は眼鏡レンズで3倍程度の望遠鏡を試作したが，やがて対物レンズと接眼レンズをみずから苦労して研磨し，14倍と20倍の倍率を持つ2本の望遠鏡を完成した．これらの望遠鏡で，月の表面には地上と似た山や海，谷があること（アリストテレスの教えでは，月は完全な理想的球体とされていた），天の川や星雲は肉眼では見えない微小な星が密集した天体であること，木星には4個の月（衛星）が伴っていること，などを発見した．こうした革命的な天文学上の発見をガリレオができた背景には，通常のものより高倍率の望遠鏡の開発にガリレオが成功したこと，地元のベニスは有数のガラス生産地で，透明な良質のレンズ素材が入手できたこと，忍耐強さと種々の工夫によって，非常に視野が狭い望遠鏡を日周運動で移動する天体にうまく向けることができたこと，などの理由があげられる．

　セーリスによる望遠鏡の献上以後，望遠鏡は日本でも人気があったらしく，西洋人が贈答品として幕府要人や大名に贈

った記録が，長崎出島の「オランダ商館長日記」などにはいくつも見られる．この頃，ガリレオのように，望遠鏡で天体をのぞいてみたいと考えた日本人はいただろうか．西洋人が日本人に贈った当時の望遠鏡で現存しているものはないが，それらのほとんどは地上用の望遠鏡，つまり倍率が3〜4倍のものだったと推定される．しかし，この程度の倍率では，天体に向けても肉眼で見るのとほとんど差はないから，おそらく多くの人は失望したに違いない．

とはいえ，17世紀前半の時代に，望遠鏡による天体観測に興味を持った日本人もいたことを示す記録がわずかだが残っている．九州大学のヴォルフガング・ミヘル氏によれば，宣教師キアラを取り調べた宗門改奉行の井上筑後守が，木星の月が見える望遠鏡が欲しいと出島のオランダ商館に注文し，それが1647年（正保4）に届いたことが商館長日記に記されているそうである．これは，ガリレオの発見をキアラや沢野忠庵から教えられた筑後守の個人的興味だったのだろうが，当時の日本には10倍程度の倍率の質の良い望遠鏡はまだほとんど輸入されていなかったことを示唆している．

もう一つの例は，すでに紹介した『二儀略説』の記述である．天の川は，天の厚みが特に厚くなっている個所が白く見えるという説と，白い部分は肉眼では見えない微星の集まりであるとする説の2説が従来からあった．著者の小林謙貞が実際に望遠鏡でのぞいて見たところ，小星が数限りなく見えたので，微星の集団説のほうが正しいと書いている．謙貞はたまたま性能の良い望遠鏡が入手できたのかもしれない．

## コラム2　望遠鏡を初めてのぞいたアジア人は？

1608年にオランダで望遠鏡が発明され，その一つが英国東インド会社の手で徳川家康に献上されたのは，5年後の1613年（慶長18）である．では，最初に望遠鏡に接したアジア人は誰で，いつ頃のことだろうか——それはシャム人（現在のタイ）で，望遠鏡が発明されたのとまさに同じ年だった．

2008年にオランダのミデルブルグで「望遠鏡発明400年記念シンポジウム」が開催され，以下に紹介する新たな歴史資料が公開された．

1608年9月末にオランダで発行された週刊新聞には，当時の重要なニュースとして，望遠鏡の発明者の一人，ハンス・リッパヘイが，ハーグでオランダ国王と宮廷高官，市長などに対し，望遠鏡を最初に公開実演した記事と，シャム国王の使節が初めてオランダ国王を訪問した記事が，一緒に掲載されている．

現在のオランダとベルギーの地，ネーデルランドは，16世紀からスペインの支配下にあり，その残虐な圧政に長く苦しんでいた．耐えかねたオランダ人は1568年に反乱を起こして，「80年戦争」と呼ばれた独立戦争をオレンジ公ウィリアムのもとで開始した．当初は劣勢だったが17世紀に入ると，息子のオレンジ公マウリッツが率いるオランダ軍がようやく優勢になり，1608年にハーグで停戦交渉が始まった．スペイン側の交渉代表はイタリア人のスペイン軍総司令官スピノラで，英国とフ

ランスも立ち会いの外交官を参加させていた．ちょうどこの頃，リッパヘイは自分の発明した望遠鏡をマウリッツに献上したのである．

　この週刊新聞は，マウリッツとその弟，スピノラ，英国，フランスの外交官らが，マウリッツ宮殿の塔の屋上で，リッパヘイの望遠鏡をのぞいて，この望遠鏡の性能をテストしたことを述べている．歩けば数時間もかかる遠方の様子がわかると書かれているから，かなり性能の良い望遠鏡だったらしい．また，ヨーロッパ各国出身の人々が立ち会ったことが，望遠鏡発明の噂がただちにヨーロッパ中に広まる原因となった．

　さて，オランダ東インド会社の航海家たちは，アジアの香辛料を求めて，1601年にはシャム王国の属領だったマレー半島のパタニに到達し，シャム王国と外交関係を持つようになった．その結果，シャム王は，オランダに使節団を送る決心をする．この使節一行がハーグに到着し，マウリッツ公の館に滞在していた時に，リッパヘイによる公開実演がたまたまマウリッツの塔で行われたのである．上記の週刊新聞では二つの記事の関係は明確には書かれていないが，ほかの種々の資料と状況から判断して，シャムの使節も望遠鏡の実演に同席したのは確実とされている．つまり，シャム人の一行が，望遠鏡が発明されたその地で，望遠鏡を初めてのぞいた最初のアジア人だったというわけである．また，後に望遠鏡の特許を申請したリッパヘイが，この大事な実演を他人にま

> かせたとは考えられないから，シャムの使節団がリッパヘイに面会したのもまず疑いない．ちなみに，リッパヘイの特許申請は市当局から却下された．似たような器具を作った人物がほかにもいたというのが却下の理由だった．その後，リッパヘイは，双眼鏡を製作してハーグ市の賞金を獲得した．

## 禁 書 令

江戸幕府は鎖国制度が完成する以前の 1630 年（寛永 7）に，「禁書令」を発布した．寛永の禁書令とも称する．これは，キリスト教に関する中国書の輸入禁止令であり，オランダ語など洋書に対するものではなかった——なぜなら，当時はオランダ語の通詞も含めて，オランダ語書籍をまともに読める日本人はまだ誰もいなかったからである（とはいえ，長崎出島のオランダ人たちは，禁書令を意識して，キリスト教に関係する洋書は持ち込まないよう努めていたようである）．最初の禁令の具体的内容は，徐光啓が編纂した中国書の叢書『天学初函(しょかん)』に含まれる 20 種と，そのほかの 10 種，合計 32 種の書物が禁書として指定された．

禁令の本来の目的は，中国の西洋人宣教師がキリスト教の教義について述べた書物を輸入禁止にすることだった．しかし，上記の 32 種の中にはキリスト教に全然関係のない科学書の漢訳本，例えば，ユークリッドの『幾何原本』，『天問略(てんもんりゃく)』*3，『測量法義』，『泰西水法』なども含まれていた．そのため，単に宣教師が書いたり翻訳したという理由だけで，キ

リスト教の本と一緒に十把ひとからげで禁書にされてしまった．特に，向井元升の三男で長崎の聖堂儒者だった向井元成(げんせい)が，1685 年（貞享 2）の輸入書籍の中に，禁書目録にはなかった 1 冊のキリシタン教義書を摘発してからは，一段と禁書令は厳しさを増した．これは歴史的には大きな損失で，将軍吉宗の時代まで，われわれ日本人は西洋の進んだ科学知識を学ぶ機会が随分遅れてしまったのである．また，この禁書政策のために，地球が丸いといったごく単純な知識を除けば，南蛮天文学も次第に忘れ去られていった．

### 『天経或問』

　貞享の禁止令以後は，中国船が持ってきた宣教師による漢訳西洋科学書の多くが返還や破棄になったが，おそらくそれ以前に輸入され，日本では非常に好評を博した天文書があった．『天経或問(てんけいわくもん)』である．その輸入の経緯を，京都の儒者，中村惕斎(てきさい)が自著の『天文考要』に記している．南部草寿(そうじゅ)という同じく京都の儒者が，その頃，長崎聖堂の学長として長崎に出張していた．草寿は，輸入中国書の検閲もする立場にあった．彼は，『天経或問』はキリスト教に関係しない天文書であると判断して輸入を許可した．草寿が 1684 年（天和 3）に京都に帰任した時，『天経或問』を携えてきて惕斎に見せたのである．じつは，草寿が京都に帰る数年前，後に出てくる渋川春海がすでに本書を入手していて読んでいた．だから，『天経或問』が日本に初めて舶載されたのは，1680 年前後と思われる．

　『天経或問』は，福建省近辺出身の游子六(ゆうしろく)の著作である．

前集と後集があり，1675年に出版された前集のほうを普通『天経或問』と呼んでいる．中国ではほとんど流布しなかった．そのような本が舶載されたのは，日本に来る中国船の多くが游子六の出身と同じ福建地方から来たことと関係があるのかもしれない．「或問」でわかるように，問答形式による天文学の概説書である．天文学の全般と，地理，気象に関連したテーマを扱っている．中国伝統の天文暦学に加えて西洋天文学の知識を述べているのが特徴である．游子六は西洋天文学をイタリア人宣教師ウルシス（中国名は熊三抜）から学んだとされる．

　江戸時代に日本に輸入された天文書で，『天経或問』ほど広く流布し，長く読まれた天文書はほかになかったといってよい．その理由は，西洋天文学の知識も含めて，初等的天文学の全般を解説した，鎖国以後のわが国で最初の本だったからである．暦法の具体的計算など，数理的な面にはあまり深入りしていないために，専門の天文学者以外にも読みやすかったのだろう．貞享の改暦を成し遂げて初代の天文方になった渋川春海や，春海の弟子だった谷秦山の著作にはもちろん言及されている．儒学者で第六代将軍徳川家宣の政治顧問を務めた新井白石の著書，『西洋紀聞』[*4]にも引用された．

　西川正休が，1730年（享和15）にかえり点などを付けた訓点本を出版してからは，さらに広く読まれるようになった．1712年（正徳5）に寺島良安が著した百科事典，『和漢三才図絵』の天の部に，例えば，星の明るさと大小に関する記事がある．これは『天経或問』の知識に基づいている．また，黄表紙と呼ばれた大衆小説の作家，山東京伝には『天慶

和句文(わくもん)』という作品があるが，これは明らかに『天経或問』の題をもじったものであろう．以上見てきたように，『天経或問』は江戸時代の天文学知識の普及に大きな影響を及ぼしたことが理解できるだろう．

## 宣明暦

江戸時代，渋川春海による貞享の改暦以前に使用されていた暦は「宣明暦」だった．この暦は，遠く859年（貞観元年）に，渤海国（現在の満州付近とロシア沿海地方）からの大使が来朝した際に，当時中国の唐で使用されている最新の暦法であるとして献上された．わが国では持統天皇時代の862年（貞観4）から宣明暦が施行された．宣明暦は唐の天文学者徐昂(じょこう)が編纂した暦法で，唐では822年から約70年間使用されている．特に日・月食の予報に優れた暦法だったとされる．

日本は，630年から20回近くも派遣していた遣唐使を896年（寛平6）に廃止した．遣唐大使に任命されていた菅原道真が，唐朝では内乱が増えていることや，唐からはもはや学ぶべき文化はないと主張して，遣唐使の廃止を建議したからである．その結果，中国からの情報は途絶え，暦も古い宣明暦を使い続けるしかなくなった．10世紀以降，わが国には長続きした強力な中央権力が現れなかったことも，より良い暦を求める強い動機がはたらかなかった理由だろう．

## 渋川春海

長い戦乱の時代が終わり，徳川幕府の政権が安定してきた

17世紀の後半，従来のように中国の暦法をそのまま使うのではなく，日本独自の暦を作りたいという機運がようやく高まってきた．その立役者が渋川春海（1639〜1715）である．

渋川春海は元は幕府の囲碁職だった安井算哲の息子で，春海自身も囲碁は7段格の腕前だったと伝えられる．父の死後，わずか14歳で囲碁職を継ぎ第二代算哲を名乗る．後に願い出て，先祖の出身地名にちなみ，姓を渋川に改めた．徳川家康と秀忠は囲碁が非常に好きだったため，幕府の中に囲碁方という役職を置き，「御城碁」と呼ばれた対抗試合をさせて，将軍・幕閣，諸大名が観戦して楽しんだ．当時の囲碁方には，林，本因坊，安井，井上の四家があり，本因坊は現在のタイトル戦にも名が残っている．囲碁方はまた，幕閣や大名に囲碁を教えることも大事な役目の一つだった．

春海は幼少の頃から，囲碁だけでなく，天文学などほかの分野にも優れた才能を発揮した．12歳の時に，北極星は動かないと一般にはいわれているが，自分は数年間北極星の位置を測り動くことを確かめたと述べて，居合わせた人々を驚かせたという逸話が残っているという．囲碁職に就いてからは，秋冬は江戸に勤務し，春夏は暇を頂戴して生誕の地京都に帰る生活を送った．京都では，朱子学者で神道家の山崎闇斎について，儒学，神道などの学問を学んだ．和算と暦学も，岡野井玄貞ら専門家から教授された．この時，宣明暦法も習った．21歳の時，中国地方，四国を旅して，東北地方も含む各地の緯度を測定したとされている．しかし，渡辺敏夫によれば，後の春海の著作を検討すると，京都と各地の距離から計算で緯度の値に換算しただけで，実際に東北地方の

ような遠方まで緯度測定に出掛けたわけではないだろうとのことである．だが，若い頃から，表を立てて太陽高度を測定するなど，天文観測に親しんでいたのは間違いないだろう．

また，陰陽家の安倍泰富からは，安倍神道と天文卜占，宮中での礼儀作法である有職故実（ゆうそくこじつ）も学んだ．このため，囲碁はもちろん，天文暦学，儒学，神道に通じた博学の人という評判が，京都の貴人や関東の学者の間で広まっていった．後に春海が貞享の改暦に成功するのも，春海の囲碁と学問を通して培った広い人脈が重要な役割をしたのである．なかでも安倍家は，新しい暦を最終的に承認する権限を持っていたから，春海が安倍家の門人という立場は改暦に際して大きな意味があった．

### 授時暦

17世紀中頃になると，和算家を中心に宣明暦と授時暦を研究する人々が現れてくる．すでに述べた小林謙貞がその一人で，1683年の月食は宣明暦には予報があるものの，独自に計算した結果起こらないと予言していた．会津藩の和算・測量家だった安藤有益も，鎌倉時代の暦日を宣明暦法によって逆算し，当時の暦日と合わないことに気付いていた．有益には，宣明暦法に関するいくつかの著作がある．また，最初の授時暦解説書を書いた泉州堺の小川正意（しょうい）は，授時暦のほうが宣明暦より優れていることを知っていたとされる．このように，800年も使い続けられた宣明暦は，もはや時代遅れになりつつあることを天文家たちは自覚し始めていた．

授時暦の誕生と特徴については，中国天文学の章で紹介し

た．上に述べたような理由で，わが国でも授時暦は注目され，渋川春海をはじめ天文学者や和算家の多くは授時暦を学び研究した．そのことは，授時暦に関する江戸時代の著述や刊本・写本が 120 点あまりも残っていることからよくわかる．授時暦研究者の中には，算聖と称えられた和算家の最高峰，関孝和もいた．彼は『授時発明』という著作を 1680 年（延宝 8）に書いた．この本によると彼は，春海が理解できなかった授時暦の理論的部分もマスターしていた．例えば，太陽の黄道上の位置を赤道座標に変換するには球面三角法[*5]を使用するが，春海はこの方法がついに理解できなかったのである．

## 大和暦と貞享暦

とはいえ，春海は宣明暦の不備と授時暦の優秀さを知るにつれ，改暦が必要であることを強く感じるようになった．29 歳の時，幕府の要人，保科正之に招かれて正之の所領である会津にしばらく滞在した．正之は三代将軍家光の異母弟にあたり，家光から厚く信任されていた．春海は会津に滞在中，天文暦学や二人の共通の師だった山崎闇斎の学問について語り合い，また，宣明暦は改暦が必要であることを正之に強く訴えた．正之は春海のこの話に感銘を受け，後に正之は死の間際に老中の一人を呼んで，改暦の議が起こった場合には春海に担当させるよう遺言したと伝えられる．

保科正之が亡くなった年の月食も，宣明暦は予報していたが実際には起こらなかった．そこで春海は意を決して翌年の 1673 年（延宝元年）に，授時暦によって改暦して欲しい旨

を上奏する．しかし，1675年の日食は授時暦が予報に失敗し，かえって宣明暦の予報が的中したので，幕府は改暦を棚上げしてしまった．そのため，春海は発奮して，何年も表による太陽観測や渾天儀による月・星の観測に励み，授時暦に基づいた新たな暦法を工夫し，『大和暦』と名付けた新暦書を完成させた．1683年（天和3）には，この大和暦をもって再度改暦の上表を行った．折から，宣明暦は再び月食の予報に失敗したため，幕府は土御門家の安倍泰福(やすとみ)に，春海とともに改暦の議を検討するように命じる．しかし，大和暦の元である授時暦は，元寇(げんこう)で日本を襲った元朝の暦だから不適当というこじつけのごとき理由で泰福は難色を示し，代わりに中国の「大統暦」採用に決まりかけた．大統暦は，授時暦から平均太陽年の長さがわずかずつ短くなるという「消長法」の部分を取り除いただけの暦法だった．

慌てた春海は，授時暦は消長法を採用しているからこそ精密であること，日・月食は，場所による違い，つまり「里差」（緯度経度の差）を考慮しないと正確な予報はできないが，大和暦は里差も計算に入れていること，太陽の運動が授時暦法が作成された時代から若干変化した点も自分は考慮したこと（春海はこのことを『天経或問』から知ったとされる），などを強調して3度目の上申をした．

そこで，春海の新暦法と大統暦との優劣を観測によって実証することになった．京都で泰福とともに，表で太陽高度を測り，渾天儀で月・惑星の運行を調べた結果，ようやく泰福も大和暦のほうが優れていることを認めて上奏を行った．ついに1684年（貞享元年），春海の大和暦による改暦宣下(かいれきせんげ)が発

せられ，新暦の名は「貞享暦（じょうきょう）」と決まったのである．新暦は翌年から施行された．

貞享暦は日本人が初めて作ったという意味では日本史上画期的な暦だったが，その内容はほとんど授時暦と変わらない．春海が観測によって天文定数の確認を行ったこと，および中国と日本の里差を考慮して貞享暦を作った点だけが異なる．それにもかかわらず，貞享暦がわが国における科学的な天文学の第一歩と評価される理由は，測定や観測による具体的証拠と，論理的な推論によって新たな知見を生み出し，かつそれを検証するという，近代の「科学的方法」に沿っていたからである．

**科学的天文学の始まり**

貞享暦への改暦宣下が発せられた年，春海は幕命で囲碁職を免ぜられ，代わりに「天文方」という新たな役職に就任し江戸に移住する．3年後，墨田区の本所に邸宅を賜り，屋敷内に観測所を設けた．名も渋川助左衛門と改めた．春海は，最初の改暦上奏から貞享暦の実現まで，10年以上をおもに新暦法の改良に努力したが，この間，改暦だけに忙殺されていたわけではない．新しい観測儀器の製作や改良，天文観測など，本来の天文学研究にも携わっていろいろな成果をあげた．江戸の本所に移ってからは，本格的な天文観測に従事した——この意味からも，春海は科学的な最初の天文学者と呼ぶことができるのである．以下ではそれらの業績を簡単に紹介しよう．

天体の赤道経緯度を測る渾天儀は，渾天説の考えに従って

BC2世紀の漢代から使用された．中国では時代を経るに従い，付属する環の数が増えた．春海は，環が多いとかえって観測に不便であるとして，固定した環の数を3個に簡略化した直径3尺の新製渾天儀を作って観測した．また，冬至の正午の太陽高度を測定するために，小型の圭表（第3章を参照のこと）と高さ8尺の表とを作ったが，中国の郭守敬にならって「景符」という名の付属器を取り付けた．これは，影の先端がぼやけるのをピンホールカメラの原理で改善する装置だった．また，天文観測には時刻を知る時計が欠かせない．春海は「百刻環」と名付けた一種の日時計を考案して使用したことを，春海の弟子であった土佐の谷秦山（しんざん）が『壬癸録（じんきろく）』に書いている．

　星図が天文学研究の重要な成果の一つであることはすでに述べた．春海は若い頃から星図にも大きな興味を示し，韓国で14世紀末に制作された「天象列次分野之図」を元に，日本の方位と地方名（分野）に合わせた2種の星図を作り刊行した．その後，貞享の改暦が一段落してから4年間，改良した渾天儀を用いて全天の星々を観測した．その成果は，晩年の1699年（元禄12）に息子昔尹（ひさただ）の名で出版された『天文成象』の中の星図にまとめられた．この星図には，中国の三家星座とともに，春海が新たに制定した61星座308星が付け加えられている．春海の新星座名は中国の伝統的命名法に基づき，日本の官職名にちなんだものが多い．この画期的な『天文成象』星図は，幕末まで大きな影響を及ぼした．なお，いくつかの新星座を観測するのに，春海は望遠鏡も使用している点が興味深い．このほか春海は天球儀と地球儀も作り，

伊勢神宮に奉納している．

## 春海の宇宙観

　以上に述べてきたことから，読者の皆さんは春海が私たちに近い近代的な精神の持ち主だったと想像されるかもしれない．しかし，春海が晩年に執筆した『天文瓊統(けい)』を読めば，特に二十八宿などの星宿を扱った部分には天文現象や天変についての事例と占星術的解釈が満ちあふれている．そして，それらの大部分は，中国書の『天文大成管窺(かんきしゅうよう)輯要』からの引用なのである．また，春海が残した史料には，西洋占星術のホロスコープに似た図がいくつも含まれている．つまり，春海には，古代からの古い宇宙観も色濃く残っていることがわかる．

　この点は西洋の場合にもあてはまり，近世から近代への移行期の東西の天文学者に共通する態度であり大変興味深い．ケプラーは楕円運動の法則を発見し，ニュートンは万有引力の法則と運動の法則を発見して，近代天文学と力学の創始者になった．しかし他方で，ケプラーは「天文学は賢い母，占星術は愚かな娘」と述べながら，生活費を稼いでくれる占星術は必要であると認識していたし，ニュートンは錬金術の研究にも没頭した．このことは，西洋ではアリストテレス，中国では観象授時や儒教の教えが，2000年もの間，人々の思想や生き方への呪縛として強くはたらき，そこから解放されることがいかに難しかったかをよく物語っている．

### コラム3　冬至観測と渋川春海

　平均太陽年の長さを決めるのに，中国では古代から伝統的に，正午における「表」の影の長さが最も長くなる日（つまり，冬至）を用いた．素朴に考えれば，例えば，ある年の冬至の日から10年後の冬至の日までの日数を観測して数え，10で割れば，365日以下の端数が0.1日の桁まで求まるはずだ．しかし，このような単純な方法では精密な太陽年は決められない．なぜなら，表の影の長さは時間とともに連続的に変化するから，影が最長になる瞬間がその地点の正午の時と一致するとは限らないからである．

　そのため，授時暦の改暦では図29に示すように，冬至の日の前後で1〜2週間離れた，三つの日の長さを測定する．そしてその3点を通る放物線（2次曲線）の頂点の位置を計算し，影が最長になる真の冬至の日時を決めた．この方法では，1日の数十分の1程度の誤差で太陽年の長さが求まる．

　ところで，太陽を回る地球の軌道は円ではなくケプラーが発見した楕円である．軌道上で太陽に最も近い点を近日点という．授時暦が作られた1280年頃は近日点の方向の経度はほぼ270度だったが，厳密にいうと，近日点の方向は約2万年かかってゆっくり天を1周する．授時暦が作られた当時は，近日点の方向と軌道上の経度が270度になる冬至の方向はたまたまほぼ一致していたので，図29の方法はうまくいった．しかし，貞享暦の頃

は両者の方向が約7.5度ずれていて，影の変化は対称な放物線にはならず，図29の方法を用いると冬至の時刻に約0.25日の誤差が生じた．春海はこのことを当初からよく認識していなかった．そのため，春海は結局は，授時暦の平均太陽年の長さと似たような値を採用するしか手段がなかったらしい．

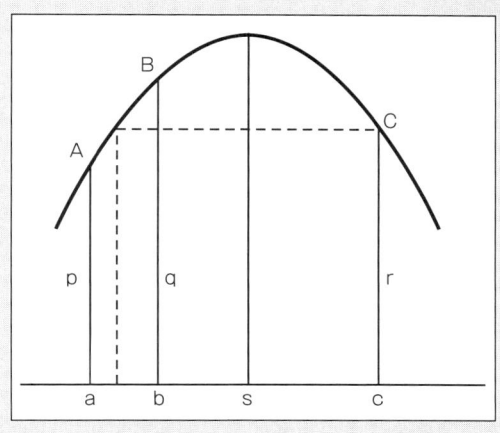

**図29** 授時暦による冬至の日時の決定法．横軸は日時，縦軸は表の影の長さ．a, b, cの日時に対してp, q, rの高さを測定し，放物線の計算によってもっとも影が長くなる日時sを決定する．

## 将軍徳川吉宗

　江戸時代の前半で，日本の天文を占い技術から科学へ脱皮させた人物が，渋川春海のほかにもう一人いた．それは，第八代将軍の徳川吉宗（1684〜1751）である．吉宗は天文学の強力なパトロンだっただけでなく，彼自身が天文学者，科学者と呼んでよいほどである．吉宗はまた，西洋天文学，西洋科学を積極的に導入することを奨励して，明治近代化への礎（いしずえ）を準備したのだった．

## 吉宗の出自と性格

　吉宗が八代将軍になれたのは，幸運ばかりでなく，それを活かせた本人の優れた資質によるところが多い．1684年（貞享元年），徳川御三家である紀州藩主徳川光貞の四男として誕生した．渋川春海の貞享暦が生まれた年にあたる．四男坊は普通，独立して継ぐ家もない"部屋住み"に終わることが多いから，若い頃の吉宗もおそらく，高望みすることなく読書や武芸の稽古に汗を流す質素倹約な日常を送ったらしい．吉宗はこの生活習慣を将軍になってもずっと守り通した．運よく14歳の時に，五代将軍綱吉に対面する機会を得て，越前国の小藩の領主に取り立てられる．その後，兄たちが相次いで死去したため，22歳で紀州藩主に就任した．この時から，綱吉から吉の一字を賜って吉宗と名乗る．

　吉宗は若い時から，書画，詩歌・文芸などにはほとんど興味を示さず，経験に基づいた実証的な学問を好んだ．特に，自然科学の全般に強い関心を抱き，数理的な才能を発揮した．幼少の頃，家臣が城中の障子を張り替える紙の総量を見

積もるのに苦労していたら，脇で見ていた吉宗は簡単に計算してしまったという逸話がある．町見術（測量術）も吉宗は独習したらしい．吉宗の事蹟と言動を集めた『明徳秘書』には，ある工事に吉宗が工夫した町見術の方法を試みたところ，損失も少なくできたと記されている．吉宗の場合，後に名君とか幕府中興の祖などと称えられたから，その伝記には後世に尾ひれがついたものも少なくない．しかし，測量などという特殊な話はまったく根拠がなかったとは考えにくい．事実，和歌山県立博物館には，吉宗が藩主の時代に作らせた大きな城下の地図が残っている．7枚組2.7メートル×5メートルの巨大なものである．しかも，各町内の街並みや道路，橋の長さなどに，すべて何間何尺という寸法が朱で記入されている．吉宗は将軍になってから日本全図を作らせたが，すでにその芽生えがこの城下図に現れている気がする．このように，吉宗は若い頃から自然科学への興味と数理的な物の見方・考え方をみずから育んでいた様子がうかがえる．

1716年（享保元年），わずか4歳で七代将軍に就任した家継が，病気のため死去した．8歳だった．将軍徳川家の血筋が絶えたため，御三家から次期将軍を選ぶことになった．尾張藩主が最も有望視されていたが，大方の予想に反して紀州藩主の吉宗が八代将軍に推挙された．選ばれた理由は，家康に血統がいちばん近かっただけでなく，身分の上下や家柄にかかわらず実務に優れた者をどんどん登用し，藩の財政を立て直すなどの藩政改革が，幕府要人と諸大名から評価されていたからであろう．

吉宗がまだ紀州藩主だった頃，伊勢山田と紀州松坂の農民同士で境界争いが起こった．当時，伊勢山田奉行であった大岡越前守忠相（ただすけ）は，この紛争を取り調べて紀州領の農民のほうを処罰した．これを吉宗は，御三家の紀州に遠慮することなく忠相が公平に裁いたと評価した．吉宗が将軍就任後，忠相を江戸南町奉行に抜擢したのは，この裁判が影響したとされる．忠相は吉宗の期待通り江戸の市政改革に活躍し，最後は大名にまで昇格した．また，吉宗が江戸で設けた目安箱に，ある浪人が吉宗の倹約政治を厳しく批判した意見書を投書した．この時も吉宗は処罰するどころか，この意見書を側近に見せて褒めたと伝えられる．こうしたエピソードはほかにいくつもあり，理にかなっていると思えば，自分が批判されても相手の意見を聞き，取り上げる率直さが吉宗にはあった．また，家臣，近習の者が失敗を犯した時，同僚に対してかばってやる気配りも忘れなかった．

　吉宗の性格のもう一つの大きな特徴は，あくなき好奇心だろう．例えば，長崎出島のオランダ商館長が江戸に参府し吉宗に拝謁した際，それまでの将軍とは違い，面と向かってさまざまな質問を商館長に浴びせた．西洋諸国の風俗習慣，気候，動植物，ヨーロッパの天文現象は日本と同じかどうかなどを尋ねたことが『オランダ商館長日記』には記されている．さらに，オランダ人の身振りをさせ歌まで歌わせたので，商館長は大いに困惑したという．

**天文暦学への関心**

　吉宗は，将軍に就任した当初から，特に天文暦学には強い

関心を抱いていた．そのことは，江戸幕府の公式記録である『徳川実紀』中の，有徳院殿(死後に吉宗に贈られた名)の巻に次のように書かれている．「天文暦術は人民に時を授けるための重要な学問なので，吉宗公はもっぱらこれに心を用いられた．和漢の天文暦書だけでなく，西洋の天文学まで究明なされた．現在使われている貞享暦は不完全なのではないかと天文方の関係者に下問されたが，この男は天文の知識が浅くて満足な答えができなかった．そこで建部賢弘にも同じ質問をなされた」．この記述から，吉宗は単なる天文学への好奇心に留まらず，将軍という最高権力者の立場，つまり，中国伝統の観象授時の立場も忘れずに天文学の役割を認識していたことが理解できる．

## 二人の科学顧問

先に出てきた建部彦次郎賢弘(1664～1739)とは，六代将軍家宣の時代から幕府に仕えていた旗本の和算家だった．関孝和の高弟で，孝和の数学を集大成したことで有名である．授時暦に関する著作も多い．賢弘は測量術にも優れていたので，吉宗の命によって1723年(享保8)に「享保日本図」を完成させた．この日本図は，方位測定と三角法による科学的測量法を用いており，伊能忠敬以前の図としては最も精密な日本図だった．『徳川実紀』によれば，吉宗はたびたび賢弘に諮問しており，吉宗が賢弘を深く信任していた様子がよくわかる．江戸幕府の将軍が賢弘のような科学者を政治顧問とした例はほかになく，きわめて異例のことだった．

吉宗は賢弘に，渋川春海が作った貞享暦がどの程度精密か

を調べるように命じた．その時の質問状と考えられる書状が一橋家文書に所蔵された『有徳院様暦数御尋之御筆』である．一橋家は吉宗が晩年創設した御三卿の一つだから，賢弘または後に述べる中根の関係者が後世に一橋家にこの書状を献上したのだろう．この下問状の中で吉宗は，貞享暦と授時暦の違いなど，約 10 項目にわたって暦学上のかなり専門的な質問をしている．これに対して賢弘は，京都の著名な和算家・暦学者だった中根丈右衛門元圭（1662〜1733）を推挙した．この当時，元圭は，京都の「銀座」（銀貨幣の鋳造所）の役人を務めていた．吉宗は賢弘の推薦に従い，元圭を江戸に呼び寄せ面接した．元圭は天文暦学についての吉宗の質問にすべて明白に答えたので，吉宗は大いに満足し，以後は賢弘と同様に吉宗の科学顧問に登用したことが『徳川実紀』に載っている．

　この時代，中国で使用されていた暦は，西洋人宣教師が作った「時憲暦」だった．上に紹介した質問状を読むと，吉宗もすでにそのことを承知していたことがわかる．吉宗の強い改暦の意志を告げられた元圭は，「中国伝統の暦法は疎漏な点が多く，西洋天文学が中国に伝えられてから明らかになったことが数多くあります．日本ではキリスト教を厳しく取り締まるために，宗教に関係しない天文書・科学書までも禁書に指定されています．精密な暦による改暦をお考えでしたら，恐れながら禁書令を緩和していただく必要があります」と答えた（元圭の進言と禁書令の緩和を直接結びつける史料はないが，当時の種々の状況から判断して，禁書令の緩和は元圭の功績であると通常は理解されている）．吉宗の率直な

性格は，今回も元圭の意見が理にかなっていると判断したのだろう．1720年（享保5），キリスト教に関係しない天文暦学などの中国書は，今後輸入・販売を許可するという通達が江戸から長崎奉行に対して送られた．

長崎の地理学者で中国天文学の著作もある西川如見についてはすでに述べた．如見の噂を聞いた吉宗は，賢弘，元圭に諮問したのと同じ頃，1719年（享保4）に如見を江戸に召喚して天文方に就任させようとした．しかしこの時，如見は72歳の高齢だったため，代わりに次男の西川正休を推薦した．この正休は，後に宝暦の改暦のために，吉宗によって天文方に任命されることになる．

## 吉宗の天文学

将軍としての吉宗は，支配者としての観象授時の立場で天文暦学にかかわった．しかし，吉宗自身が天文学に強い興味を持っていたことは，みずから天文儀器を考案したり，長期にわたって観測を続けたことから明らかである．『徳川実紀』には，紀州から金工職人を呼び寄せ，大きさ8尺の渾天儀を製作させ観測したこと，吉宗が渾天儀を改良した「簡天儀」（図30）や，圭表の一種である「測午表」を考案したこと，などが記されている．だが，江戸城内のどこで，どのような規模で行われたのかは従来不明だった．

数年前，歴史学者の松尾美恵子氏は，江戸城内にある吹上御園の吉宗時代の絵図を入手し，その一角に「新天文台」と記された施設が描かれていることを発見した（図31）．稚拙

図30 将軍吉宗が考案した簡天儀の図.『寛政暦書』の儀象図による.(国立天文台 蔵)

な筆致ながら,おそらく高さ10メートルほどの築山の上に渾天儀が置かれていることが明瞭にわかるし,その周囲に複数の別の観測儀器も見える.さらにこの天文台の塀の外には,新天文台詰所と書かれた相当な広さの建物が描かれている.曇天の夜など,この建物内で晴れるまで待機したのであろう.『徳川実紀』は,吉宗が観測を家臣,近習,奥坊主に手伝わせたと書いているが,この吹上天文台の図はそのことも裏づけている本格的な天文台だったことがわかる.宝暦改暦の前に西川正休らがこの吹上天文台を使用しているから,後の浅草天文台がこの天文台によく似ているのは,吹上天文台を参考に建設されたためと思われる.

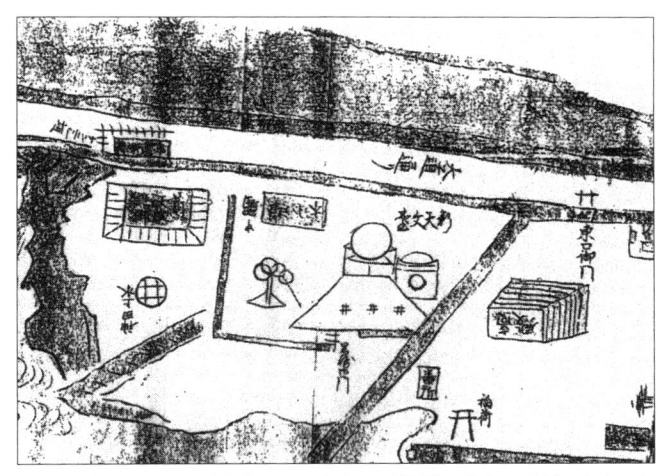

**図 31** 吉宗が造った吹上御園の天文台図（部分）．中央に「新天台」とあり，築山の上に渾天儀が乗っている．左側の塀の外にある建物には「新天文台詰所」と記されている（NHK-BS プレミアムの番組「コズミックフロント」でも 2013 年に紹介された）．

　この天文台を利用して，吉宗は近代天文台に近い本格的な天文観測を行ったことを示す史料も残っている．それは『江府日景』[*6] と題され，1718 年（享保 3）からじつに 6 年間もの連続観測の記録だった．圭表と渾天儀の観測だけではなく，アストロラーベの観測記録まで入っている．しかも，江戸城内と高輪八ツ山の下屋敷の 2 か所で比較観測まで実施していた．この当時の幕府の天文方は，改暦の前後 1 年程度続けて天文観測をするだけで，連続観測をするようになるのは天保改暦の後からである．したがって，この点でも吉宗は明らかに時代を先取りしていたといってよい．

第 7 章　科学的天文学の始まり：渋川春海と将軍吉宗

吉宗は現代の天文学者，科学者に近い存在だったと私が思うのは，簡天儀や測午表を考案したことに加えて，例えば，望遠鏡の接眼レンズ部に，目標を正確に捉えるための十字線をみずから工夫して入れたことである．このためには，天体と十字線の両方に目のピントが合う十字線の位置を，繰り返し試行錯誤で探したに違いない．これを成功させた吉宗は，まさしく科学者だった．

### 吉宗が作らせた天体望遠鏡

　ガリレオ式，ケプラー式などの初期望遠鏡は，眼鏡レンズを組み合わせて作るのが普通だった．日本でのレンズ磨きの始まりは，長崎の船乗りが外国でレンズ磨きを習ってきた，中国からの帰化僧が日本人に教えた，という2説がある．いずれにしても，望遠鏡の伝来後20〜30年ほどして，日本人によるレンズ磨きが長崎で始まったらしい．

　ところで，わが国に現存する最古の望遠鏡は，1650年より少し前に東アジアで作られたと推測される，凸レンズが4枚構成の望遠鏡である．これはガリレオ式，ケプラー式に比べるとずっと進んだタイプの望遠鏡で，ヨーロッパではドイツ人修道士のアントン・マリア・シルレが1645年に発明を公表したので，シルレ型望遠鏡と呼ぶ．いつの頃からか，長崎でもシルレ型望遠鏡を作る職人がいた．吉宗は中根元圭からこのことを聞いて，長崎の御用眼鏡師，森仁左衛門正勝に天体用の望遠鏡製作を命じた．

　天体観測に適する望遠鏡は，かなり大型で倍率も10倍以上ないと役に立たない．吉宗の注文以前に，仁左衛門が望遠

鏡作りにどの程度経験があったのかは不明だが，ともかく元圭の推薦で望遠鏡を作り上げた．まさにその望遠鏡と推定される大型の望遠鏡が，長崎に現存している．対物レンズの直径 10 センチメートル，5 段式で全長 3.5 メートル，倍率は約 10 倍である．筒の表面は豪華な牡丹唐草の文様で装飾され，接眼レンズ部は象牙細工で，外見は将軍が注文した望遠鏡に相応しい．ただし，のぞいて見ると，視野は非常に狭く角度で 5〜10 分程度しかない（月・太陽の視直径は角度で 30 分）．手で持ってのぞくのは明らかに不可能である．このように特殊な大型望遠鏡は，天体観測以外の目的には使えないし，需要もなかっただろう．仁左衛門がこのような物を複数本作ったとは到底考えられないから，私は吉宗の注文した望遠鏡そのものと判断している．

　この望遠鏡で，どのように天体を観測したかを示す図が『修正宝暦甲戌元暦』中の「大望遠鏡之図」に載っている．この望遠鏡は宝暦改暦の前に天文方に下げ渡されているので，この図も吉宗が作らせた望遠鏡に違いない．滑車で吊って，下の四角い枠の縁で方向を定めている．面白いことに西洋でも似たような方法を用いていた（図 32）．この滑車方式が日本人独自のアイデアだったのか否か興味深い．

　この大望遠鏡を使用して，吉宗が江戸城で木星の衛星や土星，月の表面などを観測したことは疑いないが，その具体的な記録は残念ながら見つからない．しかし，吉宗が望遠鏡で彗星を見たことが複数の史料に載っている．それは，1742 年（寛保 2）正月に出現した長い尾を持つ明るい彗星だった．一つは津村正恭の随筆『譚海』に書かれていて，吉宗は

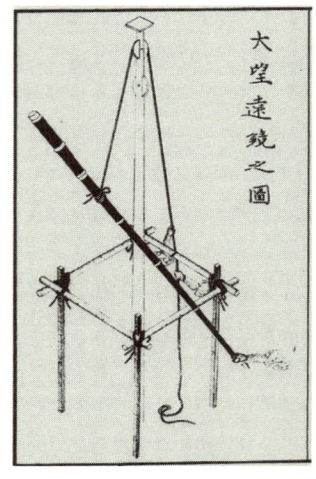

図 32 『修正宝暦甲戌元暦』中の「大望遠鏡之図」(左).5 段式の望遠鏡を滑車で吊っている.17 世紀のオランダで使用された望遠鏡の架台(右)(Simon Fokke, 1765).

吹上御園で見たと記している.津村は吉宗のそばに仕えた博学の奥坊主と知り合いだったから,この彗星記事は信用してよいだろう.

もう一つは『雑交苦口記(まぜこぜにがきくちのき)』である.彗星を望遠鏡でのぞいてもただボーっとしか見えないので,吉宗は失望したらしく,特に感想は述べていない.西川正休にこの彗星の吉凶を尋ねた.正休はさすが近世の天文方だけあって,「彗星の吉凶を騒ぐのは陰陽師のやからだけで,天文暦数には関係ありません」と答えた.それでも吉宗は,"彗星出現による"洪水に備えて,鯨船という名の船 30 艘を建造させたと記されている(『有徳院殿御実紀』にも引用されている).春海など

に比べれば，吉宗の考え方はずっと近代人に近かったが，為政者という立場からはやはり心配になったのだろう．ところが吉宗の危惧は的中した．彗星出現と同じ年の7月末，江戸の街々をはじめ関東地方は未曽有の大水害に見舞われたのである．このため，吉宗の名声はますます高まったという．

以上，吉宗の天文学について見てきた．吹上御園の天文台を造り，簡天儀，測午表を考案し，天文儀器をみずから取り扱い，長年の連続観測まで行った吉宗は，近代の天文学者，科学者に匹敵するといっても過言ではない．吉宗はこれらのことを，将軍職という激務の寸暇をさいて実行したことを忘れてはならない．さらに私が吉宗を偉いと思うのは，将軍という最高権力者の立場，天文学のパトロンという立場を常に意識して天文学に対峙していた点である．

（＊1）ヤン・ヨーステンが住んだ江戸屋敷は現在の東京駅付近，八重洲だったが，「八重洲」という地名はヤン・ヨーステンの名に由来する．また，ウィリアム・アダムスは後に三浦按針（按針は航海士の意味）という日本名を賜り，旗本として三浦半島の横須賀に領地を与えられた．

（＊2）オランダ式望遠鏡は，正立の像が見える．これに対して，対物レンズと接眼レンズの両方に凸レンズを使用するタイプの望遠鏡は，惑星の楕円運動を発見したケプラーが提案したため，ケプラー式望遠鏡と呼ばれる．ケプラー式は像が倒立して見えるので，地上用望遠鏡には適さないが，視野がオランダ式より広く倍率もあげられるため，天体観測によく利用された．

（＊3）『天問略』は，宣教師のマヌエル・ディアズ（中国名は陽瑪諾（ようまだく））

が1615年に書いた著作で,望遠鏡の発明とガリレオが望遠鏡を用いて行った発見を初めて中国に紹介した本だった.ほかに,湯若望が1629年に出版した「遠鏡説」がある.光の反射・屈折,レンズなど光学の基本原理と,望遠鏡のごく初歩的な構造を図を使って説明していた.

(＊4) 1708年(宝永5),鎖国下の日本に潜入したイタリア人宣教師シドッチが逮捕されて,小石川のきりしたん屋敷に収容された.その尋問を新井白石が行い,外国の歴史,地理,風俗,キリスト教などについて尋ねた内容をまとめたものが,この『西洋紀聞』である.白石は1715年頃に書き上げていたが,鎖国政策のために一部の人々だけに写本で伝わった.後に,日本人が世界認識を広めるのに役立った.

(＊5) 通常の三角法は平面の三角形を扱う.しかし,天体は天球上にあるため,天体相互の位置関係は球面上の三角形で計算することになり,これを球面三角法と呼ぶ.例えば,平面三角形の三つの角の和は180度だが,球面三角形の場合は,三つの角の和は常に180度より大きくなるという違いがある.

(＊6) 『江府日景』,江府は江戸のこと,日景は本来は日時計の影のことだが,この資料は圭表,渾天儀,日本ではほとんど使われなかったアストロラーベの観測結果を表の形で与えている.また,彗星やオーロラ,木星が月の後ろに隠れる惑星食まで記録している.

# 第8章
# 西洋天文学の導入と江戸天文学の発展

**吉宗の改暦への執念**

　吉宗は西洋天文学による改暦を実現するために，中国から輸入されたばかりの『暦算全書』と題する大部な天文書を中根元圭に翻訳させた．元圭は7年間かかって，1733年（享保18）に46冊に及ぶ翻訳を完成させた．また，その前年には，貞享暦の精度を調べるため，71歳になった元圭を伊豆の下田に派遣し太陽の圭表観測を行わせる．元圭は，貞享暦は不正確ではないと吉宗に復命した．しかし，吉宗はそれでも納得しない．1736年（元文元年）には，幕府の書物奉行だった深見久太夫を通じて，オランダ商館長に対し暦を作れるオランダ人を本国から派遣して欲しいと吉宗は要望した．この話は結局実現しなかったが，西洋馬と馬術を好んだ吉宗が，同じように西洋人調教師の派遣を要求し，実際にオランダ人が馬とともに来日した経緯が過去にあった．だから，もしオランダ人天文学者が江戸に来ていたら，その後の日本天

文学はまったく違ったものになっていたに違いない．

## 失敗に終わった宝暦の改暦

　吉宗が西洋天文学による改暦に強くこだわったのは，中国の時憲暦が頭にあったからだろう．だが，頼りにする中根元圭は1733年に，建部賢弘は1739年に，相次いで世を去っていた．そこで吉宗は，『天経或問』の訓点本を1730年に出版して，江戸の私塾で天文学を教えていた西川正休を呼び出し，若年の天文方，渋川則休を補佐させて改暦を行うことに決心した．神田佐久間町に改暦のための天文台が新たに設けられた（現在のJR総武線 秋葉原駅付近）．改暦の公式の責任者は伝統的に京都の土御門家だったから，1750年（寛延3）に渋川と西川は京都に赴き，陰陽頭土御門泰邦と改暦の協議を行うことになった．

　西川正休は1741年（寛保元年）に暦作測量御用に，6年後には天文方に登用された．しかし，その天文学知識は『天経或問』などの一般天文学が主で，暦法の複雑な数理計算には弱かった．一方の泰邦も，貞享暦で江戸に奪われた編暦の主導権を京都に取り戻す野心にあふれてはいたものの，吉宗が望む西洋天文学にはまったくの無知だった．そのため，両者の交渉は実質的な改暦の協議からはほど遠く，お互いの非を責める足の引っ張り合いに終始した．両陣営にも西村遠里と山路主住という優れた暦学者がいたが，正休と泰邦はこの二人から見放されたほどだった．この間，天皇の崩御と吉宗の死去（1751年（寛延4））が続いたため，改暦事業はたびたび中断される．その後もみずからの不手際で窮地に陥った

正休は，改暦職務を放棄する事態になり，江戸に呼び戻され，1755 年（宝暦 5）には天文方を罷免された．泰邦はやっと正休の追落しに成功したのだった．

　こうした実りのない紆余曲折を経て，ようやく 1754 年（宝暦 4）に生まれた新暦が「宝暦甲戌元暦」である．しかしその実態は，正休から教えられた冬至の日時の狂いを，あたかも泰邦が京都の観測から決めたように見せかけたお粗末な内容だった．しかも新暦が施行されてわずか 9 年後，宝暦暦は 1763 年（宝暦 13）9 月の日食を暦に載せ損なった．この日食は，土佐や薩摩の天文家が食が起こることを独自に予測していた．そのため，幕府は新たな天文方を急きょ任命し，1769 年（明和 6）に宝暦暦を修正させたが，根本的な解決からはほど遠かった．以上の経緯から，宝暦の改暦は吉宗が意図したものとはまったく異なっていたことが了解できると思う．このようにして，吉宗が情熱を燃やした西洋天文学に基づく改暦は，次の高橋至時らの時代まで持ち越されることになったのである．

**蘭学の起こり**

　吉宗は，キリスト教に関係しない中国書の輸入を解禁しただけではない．オランダ語の書物から西洋の科学技術と文化を直接吸収するため，青木昆陽[*1]と本草学者の野呂玄丈にオランダ語を学ばせようとした．しかし彼らには，オランダ人が江戸に参府して来た時に質問する機会しかなかった．そのため，オランダ語の単語を千個程度学習したに過ぎず，文章を読むレベルには達しなかった．オランダ語の辞書もな

く，文法も知らなかったのだから無理もない．

　一般に，オランダ語の本から翻訳刊行された最初の著書は，医師の杉田玄白らによる『解体新書』とされる．1774年（安永3）に出版された．オランダ語の解剖書を偶然入手し，玄白，前野良沢らが非常に苦労を重ねながら解読してゆく様子が，玄白が晩年に著した『蘭学事始』[*2]にいきいきと描写されている．西洋の天文学をオランダ語の本から学ぶようになるのは，玄沢・良沢から少し世代が下がった長崎のオランダ通詞（通訳）の人々である．彼らも禁書令の緩和以前は，オランダ語の書籍を読むほどの語学力はなく，出島のオランダ商館が日蘭貿易を行う際の通訳業務だけがおもな仕事だった．

## オランダ通詞が紹介した地動説

　オランダ語の地理書や天文書を初めて翻訳したのは，通詞本木家の三代目，本木仁太夫良永（1735～1794）である．オランダ語通詞はいつでも出島のオランダ人を訪れて聞くことができたから，江戸や大坂に比較してオランダ語学習には圧倒的に有利だった．良永には10点近い天文・地理書の翻訳が知られている．彼の翻訳のうちで重要なのは，コペルニクスによる地動説の紹介である．

　中国に渡ったヨーロッパ人宣教師が教えた西洋天文学は，地動説，つまり太陽中心説ではなかった．それは，当時絶大な権力を持っていたキリスト教会が，地球が太陽の周りを回ることを認めていなかったからである．宣教師たちが中国語に翻訳した天文書の宇宙観は，ギリシアの地球中心説（天動

説）か，ティコ・ブラーエが唱えた折衷宇宙モデルだった[*3]．そのため，禁書令緩和の後に中国から輸入された天文書にも，太陽中心説は書かれていなかった．

良永が，わが国でコペルニクスの地動説について初期に述べた訳述書の一つは『天地二球用法』（1774年（安永3））である．その序文では，1666年にアムステルダムのブラウが出版した書物を翻訳したとあり，地動説についてはニコラアス・コペルニキュスが提案したと書いている．さらに，だいぶ後の1792年（寛政4），良永はある蘭書を，幕命で『星術本源太陽窮理了解新制天地二球用法記』と題して翻訳した．その中で，今回は幕府の命による翻訳だから地動説を"はばかりなく"紹介できると記していた．

良永ら初期の翻訳者が最も苦労したのは，訳語を考え出すことだった．辞書などない時代に，オランダ語の単語の意味を理解し，それに適切な漢字の訳語をあてなければならない．そのために良永は，漢学の素養が深かった同僚，松村元綱の協力をあおいだ．彼らが考案し，現在も使用されている天文用語には，惑星，視差，近点・遠点などがある．

次に，西洋天文学を力学理論にまで掘り下げて，さらに深く理解したのは志筑忠雄（1760〜1806）である．通詞の志筑家に養子に入ったが，病弱のため通詞修行を止めて，元の姓に戻り中野柳圃とも称した．天文，地理学，数学，力学，度量衡まで広く蘭書を研究した．志筑の代表的な翻訳書は『暦象新書』で，1798年（寛政10）から4年かかって完成した．原著は，ニュートンの弟子にあたる英国人ジョン・ケイルの著書を蘭訳した本である．通常の天文学だけでなく，ニュー

トン力学に基づいた太陽中心説の惑星運動理論など，当時としては相当に高度な内容を取り扱っていた．志筑はそれらをかなり正しく理解し，今も使用される物理用語，例えば「遠心力」などを考え出している．

『暦象新書』が最も注目されるのは，その巻末に付された「混沌分判図説」である．これは，始原的な星雲が次第に凝縮して惑星や衛星が誕生する過程を述べた，志筑独自の太陽系起源説だった．ニュートン力学の基礎を正しく把握した結果，志筑の頭にひらめいたアイデアだったのだろう．西洋の太陽系起源論では「カント・ラプラスの星雲説」が有名である．志筑の説は，もちろんラプラスのような数理的理論ではなかったが，星雲の中心部は自身の重力によって収縮し太陽が生まれ，外側は遠心力のために分離して惑星になることを，定性的にはほぼ正しく説明していた．ラプラスの理論が出たのは1796年だから，混沌分判説もほとんど同時だったことがわかる．しかし，この江戸時代唯一の，国際的水準の天文学的業績は，残念ながら当時の日本人にはまったく理解されず忘れ去られた．その存在が再発見されたのは，明治時代の終わりである．

地動説を紹介した本木と志筑の著作は刊行されなかったため，一部の学者たちにしか知られなかった．西洋天文学に関する書物を何冊も出版して，一般人に地動説を広く普及させたのは司馬江漢である．油絵と西洋画法の先覚者で，長崎に旅行した時に本木良永らと親しく交際し，西洋の天文・地理にも興味を抱くようになった．江漢がコペルニクスの地動説に最初に触れた本は『地球全図略説』（1793年（寛政5））で

ある．その後，1808 年（文化 5）に出版した『刻白爾天文図解』は表題通り，コペルニクス（こっぺる）説を中心に西洋天文学を紹介していた．こうして日本人は地動説を知るようになったのである．

## 麻田剛立

　西川如見，本木良永，志筑忠雄らは長崎天文学派と呼ばれる．彼らは，蘭書の解読や翻訳を通して得た西洋天文学を西欧文明の一環として把握すべく努めたように見える．彼らは和算や暦算の素養があったわけではないから，難しい天文学理論は理解できなかったし，関心もなかった．地動説による太陽系の説明や，宇宙の構造と成り立ちなどの基礎的天文学が興味の中心だった．

　長崎天文学派とちょうど同じ頃，大坂では別な天文学の一派が誕生しつつあった．彼らは，精密な暦学理論と計算技術を研究するいわゆる暦学者のグループで，以下に述べる指導者の名をとって麻田派天文学者（または大坂暦学派）と呼ばれることが多い．その背景には，「天下の台所」という商業都市大坂の活発な経済発展に伴う裕福な商人層の存在があった．

　大分県の杵築藩に，天文好きの綾部妥彰という医者がおり，藩主の侍医を務めていた．侍医は藩主が江戸や大坂に旅行するたびに随行する必要があり，落ち着いて天文学を勉強する暇がない．侍医の辞任を願い出たが許されない．そこで決心して，1767 年（安永元年），綾部は秘かに杵築藩を脱藩した．大坂に移り住み，身元を隠すために名も麻田剛立

(1734〜1799)と改めた．この剛立がやがて大坂暦学派の中心人物となる．剛立は生活のために医業をしながら，天文暦学を研究し，先事館という私塾を開いて天文学を教えた．中国の天文暦学書を究めるだけでなく，自分で天文儀器を考案・改良し，天体観測も熱心に行った．剛立が望遠鏡を使って月面を描いたスケッチは，稚拙だが日本ではおそらく最も古いものだろう．

剛立の天文学的業績の一つは，みずから家暦と名付けた『時中暦』である．中国古来の月・太陽，惑星の観測資料に自分の観測データも合わせて作った暦法理論に基づき，太陰太陽暦と日・月食の予報の部分を抜き出して暦の形にまとめたものだった．授時暦を元にして，後には漢訳された西洋天文学の内容も加味した．剛立の暦学理論の大きな特徴は，「消長法」と呼ばれる部分である．これは1年の長さがわずかずつ変化するという考え方で，授時暦や渋川春海の貞享暦ですでに採用していた．剛立はこの考えを拡張し，太陽年の長さだけでなく，朔望月の長さや日・月食が起きる周期なども，一定ではなく年月とともにゆっくり変化するという理論を唱えた．

剛立自身の著作は，『時中暦』以外に1冊しか知られていないが，彼には著名な学者の友人が何人もおり，後に述べる優秀な門人も多数いたので，彼らが書き残した記録から剛立の研究業績と人となりをかなり詳細に知ることができる．友人の一人は大分の三浦梅園（1723〜1789）で，彼は天文学を含む独自の自然哲学を生み出したことで有名である．また，土佐の天文家，川谷貞六とも親交があった．

**高橋至時と間重富**

　剛立の代表的な門人は，高橋至時と間重富である．『星学手簡』と名付けられた書簡集が残っている．至時の二男で渋川天文方に養子に入った渋川景佑が，至時と重富ら麻田派天文学者の手紙を蒐集整理したものだ．『星学手簡』は，寛政期から享和期にかけての麻田派天文学者の活動状況を詳細に伝えている貴重な史料である．高橋至時（1764〜1804）は，大坂定番同心という下級武士だった．生活は苦しかったが，若い頃から天文暦学と数学を好んで勉強した．麻田剛立に入門したのは 1787 年（天明 7），24 歳の時である．

　もう一方の間重富（1756〜1816）は，至時より 8 歳年上，至時とは反対に裕福な質屋の出身だった．特に重富の時代に家業が盛んになり，15 棟もの蔵屋敷を立てたので十五楼主人とも称した．重富は 12 歳の時に渾天儀の模型を作ったと伝えられるほど，天文儀器を製作する才能に恵まれていた．また，剛立の門に入門する以前から，中国語訳の西洋天文書を購入して学んでいたと息子の重新は書いている．至時と同じ年に剛立のもとに入門した．この二人が育った境遇は大きく違っていたが，剛立に入門してからは，お互いの才能を信頼し合って親密に協力し，麻田派の天文学研究を大きく発展させた．

**『暦象考成』と『暦象考成 後編』**

　剛立，至時，重富らが熱心に研究した中国天文書は，『暦象考成 上下編』と『暦象考成 後編』だった．『暦象考成 上

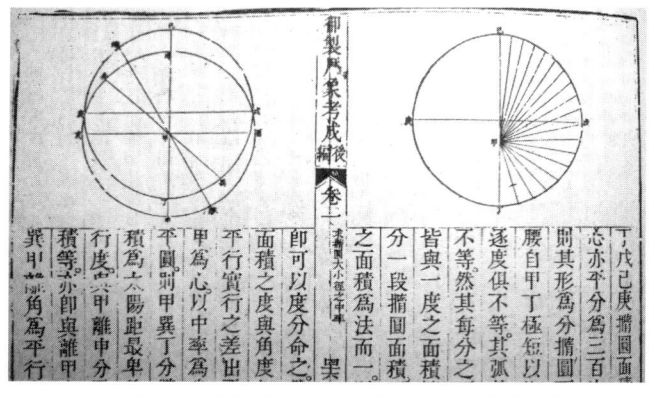

図 33 『暦象考成 後編』（1742 年）に描かれた楕円運動の説明図.

下編』のほうは，17世紀に編纂された西洋天文学の書『崇禎暦書』を元に，中国人学者が1738年に編集し直したものだ．太陽と月は地球を中心に回り，ほかの5惑星は太陽の周囲を回るという，ティコ・ブラーエの宇宙モデルに基づく天文学をおもに扱っており，上編はその理論，下編が具体的な計算法を述べていた．

『暦象考成 後編』のほうは，宣教師のケーグラー（戴進賢）が中国人天文学者の協力を得て，1742年に完成させた暦算書である（第3章を参照）．ケーグラーは清朝の天文台長（欽天監正）に任命されている．上下編では日月と惑星の運動は，従来のようにギリシア流の周転円と導円によって計算していた．それに対して『暦象考成 後編』は，太陽と月の場合だけだったが，ケプラーが発見した楕円運動理論を初めて適用したことが，最も大きな特徴だった（図33）．

日本では，幕府と桑名藩藩主だけが輸入された『暦象考成 後編』を所持していた．重富が，暦学に詳しかったこの藩主と謁見した時，話がたまたま『暦象考成 後編』に及んだ．重富は藩主を説得して，ようやく1792年（寛政4）頃にこの高価な書物を譲ってもらうことができた．この例に限らず，麻田派天文学者は重富の財力に助けられた場合がよくあった．この最新の西洋天文書を，剛立，至時，重富らはすぐに必死になって勉強した．楕円運動の理論は，当時の天文学者にとって非常に難解な数学だったにもかかわらず，至時だけは間もなくその内容をほぼ完全に修得してしまったのである．一方の剛立は，『暦象考成 後編』にショックを受け，自分の『時中暦』を破棄しようとしたと伝えられる．麻田派天文学者たちのこうした努力と実力は，次第に広く知られるようになり，桑名侯らを通じて幕府の耳にも達するまでになったらしい．

**寛政の改暦**

寛政期（1789～1800年）の頃，幕府政治の最高責任者である老中首座には白河藩主の松平定信が就任していた．定信は吉宗の孫にあたる．そのため，祖父である吉宗が，念願した西洋天文学による改暦を実現できなかったこともよく承知していた．定信は，天文方を監督する若年寄の役職に堀田正敦を抜擢した．定信と堀田はともに上に述べた桑名侯と親しかった．このような関係から，大坂の麻田派天文学者の評判は，定信も当然聞き知っていたはずである．他方，この頃の天文方だった渋川，山路，吉田らには，西洋天文学によって

改暦を行う実力がないことは誰の目にも明らかだった．

　1795年（寛政7）の3月，幕府は大坂の高橋至時と間重富に対して，天文方の暦作測量手伝いの役職[*4]に就くため，江戸に出府するよう命じた．幕府の命令は絶対で辞退することなどできない．至時は大急ぎで出府した．江戸では改暦のための暦法について幕府の下問があり，二人は『暦象考成後編』が最良であると答えた．11月になり，至時は天文方に任命されたので，新暦法の立案と，京都における改暦のための観測儀器の準備に，重富とともに取り掛かった．幕府はこの改暦計画を京都の土御門家だけでなく，至時以外の天文方に対しても秘密裡に進めた．その理由はおそらく，西洋天文学による初めての改暦が，伝統的な中国天文学しか知らない旧勢力からの抵抗に遭うことを恐れたためだろう．次いで翌年（寛政8）11月には，改暦の命が発せられた．

　伝統的な改暦の手続きに従って，天文方の至時と山路は京都へ赴いた．土御門家に新暦の計算説明書『暦法新書』を承認してもらうためと，土御門と一緒に確認の観測を実施するためである．こうして，1797年（寛政9）10月には天皇からの改暦宣下があり，新暦は「寛政暦」と命名された．

　暦としての寛政暦は，翌年の寛政10年から配布された．ここにようやく，吉宗の悲願だった西洋天文学による改暦の第一歩が実現したのである．寛政改暦の総合報告である『寛政暦書』は，ずっと遅れて1844年（弘化元年）頃に渋川景佑によって幕府に献上された．その序文には，「寛政暦によって，万分の一でも有徳院様（吉宗）の御遺志に報いることができた．やっと肩の荷を下ろした気持ちである」と書かれ

ていて，景佑の世代になってもなお，吉宗の悲願が心ある人々には共有されていたことが理解できる．

**『ラランデ天文書』**

寛政暦が完成してもまだ課題は残されていた．5惑星の理論は古い周転円・導円モデルのままだったからである．また，1802年（享和2）の日食の時刻は，寛政暦と実際とで15分ほどずれていたことが判明した．そのために至時は，寛政暦法はまだ改良する必要があると考え，天文台の人々を促して天文観測にも努めた．

1803年（享和3），至時は上司の堀田正敦から，新たに舶載されたオランダ語の天文書5冊を調査するように命じられる．それは，フランスの天文学者ラランデが書いた天文書をオランダ語に翻訳したものだった（図34）．至時はこの本を通覧してみて驚いた．中国天文書とは比較にならないほど高度で精密な内容だと感じた．至時はオランダ語の文章を読めるほどの語学力はなかったが，それまでに培った和算・暦算の実力と優れた数理的能力がそう直観させたのだろう．短い借用期間のうちに，自分が理解できる部分，関心がある箇所を必死になって抄録した．この時至時は，地球が単純な球体ではなく，南北方向にわずかにつぶれた楕円体であることも初めて知った．

その後，『ラランデ天文書』の買い上げを幕府に願い出た結果，運よく天文方3名に下げ渡される．ようやく入手できた『ラランデ天文書』を至時は，文字通り寝食の時間も惜しみ解読に没頭した．しかし，この努力は半年しか続かなかっ

図 34　オランダ語版の『ラランデ天文書』．第 1 冊が欠けている．至時の時代からだいぶ後に購入されたものである．（国立天文台 蔵）

た．肺結核におかされていた至時はついに力尽き，1804 年（文化元年）正月，41 歳で死去する．現在残されている『ラランデ暦書管見』8 冊は，至時がまさしく命を削って書きつづった苦闘の記録なのである．

　原著者のジェローム・ラランデは，パリ天文台の台長を務めた天文学者だった．フランス語版の原著『アストロノミ』は従来の天文学の専門書とは違って，最新の天文定数に基づき，天文学者がすぐに使用できる便利な公式や図表を多数載せていたため，ヨーロッパの天文学界から広く歓迎された．西欧語だけでなく，トルコ語，アラビア語の翻訳まであるという．至時の死後，『ラランデ天文書』の翻訳は至時の息子たち，高橋景保と渋川景佑に引き継がれ，やがて天保の改暦

に生かされることになる.『ラランデ天文書』のような良書に偶然めぐり合えた至時と私たち日本人は, 幸運だったともいえるだろう.

## 麻田派天文学者の観測儀器

 麻田派天文学者の天文方登用を契機に, 天文観測のための儀器の種類も観測精度も, 渋川春海の時代とは比べものにならぬほど進歩, 発展した. そのために剛立らが最初に参考にしたのが, 清朝の康熙帝時代に宣教師のフェルビーストが著した『霊台儀象志』(1674年) だった. この本には, 多数の新型天文儀器とそれらの製造方法が詳しく図解されていた. これら天体観測装置の多くは, 肉眼観測時代の最大の観測天文学者と称えられたデンマークのティコ・ブラーエが1580〜90年代に開発考案したもので, その知識をもとに宣教師たちは清朝天台の儀器に応用したのである. それらの特徴を簡単にいえば, 観測精度を向上させるために, 象限儀や六分儀[*5]など, 1種類のデータしか得られない"単能"の装置に改めたことである. ティコは, 高度, 方位, 経緯度など種々のデータが得られる伝統的な渾天儀などは, 万能ではあるが精密な観測には不向きであることを長い観測経験から悟っていた.

 『寛政暦書』の「儀象図」の巻には, 『霊台儀象志』を参考にして麻田派天文方が造った国産観測装置とともに, 輸入された西洋儀器のいくつかも詳しく説明されている. それらのうち, 寛政改暦以後に標準的な観測に使用されるようになったのは, 象限儀, 子午線儀, および垂揺球儀だった. いわ

ば，天文観測の3点セットで，天文台の職員や後に述べる伊能忠敬たちも，普段はこの観測法を実行している．象限儀は天体の高度角を測る装置である．象限という言葉は，円盤を4分の1にした円周に測定目盛が刻まれていることによる．子午線儀は天体が子午線上，つまり真南にきた瞬間を知るために使われる．子午線付近では天体の高度は時間とともにほとんど変化しないから，より精密な測定ができるのである．天文学では，高度角や方位角のデータだけでは意味をなさない．それらが測定された精密な時刻が必須である．

「時の鐘」で告げられた江戸時代の時刻は，多くの場合，和時計と呼ばれた機械式時計を動かして決めていた．和時計が示す時刻は「不定時法」[*6]といって，例えば1辰刻（約2時間）の間隔が季節によって異なる．これに対して，常に一定の時間間隔で刻まれる時刻が「定時法」で，私たちが現在使っている時計はみな，この定時法である．天文観測における高度や方位角の測定時刻は，定時法の記録でないと役立たない．そのため，江戸時代の天文学者は定時法を示す特別な天文時計を使用した．それが「垂揺球儀」と呼ばれた振り子時計だった．振り子時計の原理は，オランダのホイヘンスが17世紀中頃に発明している．剛立，重富らは，『霊台儀象志』に出ていた振り子の図からヒントを得て，和時計の職人に垂揺球儀を特注で作らせ使用した．

**浅草天文台**

江戸時代の代表的天文台は，修正宝暦暦が施行された後に移転した浅草天文台である．葛飾北斎が描いた浮世絵版画，

図 35 『寛政暦書』の「儀象図」に描かれた浅草天文台測量台の図．吉宗が考案した簡天儀と象限儀の小屋などが見える．（国立天文台 蔵）

「鳥越の富士」の図に取り入れられたことで名高い．幕府の年貢米を備蓄する隅田川に面した御蔵前の裏手に位置していた．当時は測量所とか司天台と呼ばれた．約 2000 坪の屋敷内に，吉宗の吹上天文台と同様な高さ約 10 メートルの築山が設けられ，その上に渾天儀，象限儀などが据えられていた（図35）．天文方の役所も同じ敷地内にあり，この天文台は明治維新で天文方が廃止されるまで存続した．現在の台東区浅草3丁目であるが，今はビル群で埋まっていて正確な位置を同定するのは難しい．高橋至時とほかの天文方，至時の長男の高橋景保らもこの浅草天文台に勤務したのである．

## 伊能忠敬の入門

　至時が大坂から江戸に出た1795年（寛政7）の夏，年配の男が入門したいと至時を訪ねてきた．この人物こそ，やがて17年に及ぶ日本全国の測量を行い，歴史的な「大日本沿海輿地全図（よちぜんず）」を完成させた伊能忠敬（ただたか）（1745〜1818）である．忠敬は九十九里地方で生まれ，17歳で千葉県佐原の伊能家に養子に入った．この時，林大学頭から忠敬の名をもらっている．家業の醸造業に精進し，伊能家を再興しただけでなく，名主を命ぜられ苗字帯刀[*7]も許された．その後，息子に家督を譲り，隠居して江戸の黒江町に転居したのは51歳の時である．

　忠敬は若い頃から測量書を独習していて，間縄（けんなわ）で距離を測り，羅針（らしん）で方位を測定する「導線法」と呼ばれた測量法で，佐原近在の地図をすでに作っていた．和算と天文暦学の基礎知識も持っていた．そうした背景があったためだろう，至時に対面して話をするうち，この20歳も年下の至時のもとで天文暦学を修行しようとすぐに心に決めた．至時も忠敬の熱心さに感じ入って天文台に入門を許可する．

　忠敬は，昼は天文台で天文暦学を勉強し，夜は黒江町の自宅に設けた私設天文台で観測を勤勉に続けたから，数年で難しい『暦象考成 後編』によって日・月食の推歩（予報計算）ができるまでに上達した．この研さんの過程で忠敬は，広域の地図を作るために恒星を観測して緯度を求める測量法も身につけた．やがていつ頃からか，二人の師弟は緯度1度の長さ，つまり地球の大きさを自分たちで測定してみたいと考えるようになった．これは日・月食の予報計算に，地球や月の

大きさの値を使うことと関係していたに違いない．この目的のために，至時が幕府へ働きかけたお蔭で，幕府の許可が下りて，1800年（寛政12）4月，忠敬らの測量隊は蝦夷地（北海道）を目指して江戸を出発していった．

　帰府した後に忠敬が献上した蝦夷地の地図は，幕府首脳から高く評価された．その結果，この第1次の蝦夷測量を皮切りに，忠敬らは第10次まで，じつに17年間に及ぶ日本全国の測量行に従事することになる．そうして誕生したのが，厳密な科学的測量法によって日本で最初に制作された「大日本沿海輿地全図」だった．この地図の完成が忠敬の功績であることはいうまでもないが，同時に至時の役割も忘れてはならない．地図作製に関連して，忠敬が至時に報告した緯度1度の長さ28.24里（110.98 km）という値を，初め至時はあまり信用しなかった．しかし，至時が『ラランデ天文書』を読んで知った緯度1度の長さは忠敬の測定とよく合っていたので，ここに忠敬の努力もようやく報いられたのだった．

## 女性天文学者第1号

　忠敬は，自宅の観測所でも全国測量行でも，天体観測の3点セットである象限儀，子午線儀，垂揺球儀をしばしば使用した．これら観測装置は，天文方関係者が養成した儀器職人によって製作された．象限儀の測定目盛を刻むには，三角関数表などを用いて精密な目盛を計算した図面を職人に与える必要がある．ここでは，こうした数理的な仕事に才能を発揮した女性を紹介しよう．

　忠敬関係の史料では，この女性は忠敬の内妻でお栄という

名であるが，従来は素性がわからない謎の才女とされてきた．『星学手簡』によると，至時は重富に宛てた1800年（寛政12）の手紙で，次のように書いている．「勘解由（かげゆ）（忠敬の通称）の内妻は，確かに才女のように見受けられます．漢文を好み，難しい四書五経も苦もなく読むほどで，算術もできます．絵図面を描くのも上手です．象限儀の図面の目盛などは見事に仕上げます．今制作中の地図もこの婦人は立派に一人前の仕事をしているそうです．こんな有能な内妻を助手に持った勘解由は幸せ者です」．師の至時までも羨ましがらせるような女性だったことがわかる．また彼女は，黒江町では忠敬の助手として，当然天体観測にも従事したはずである．以上のことから，私はこのお栄さんを日本の女性天文学者第1号と考えたい気がする．

　日本史研究者，片倉比佐子氏の近年の調査によって，この女性は江戸時代にはかなり名が知られた女漢学者だったことが判明した．名を大崎栄，号を小窓と称した．特に漢詩を得意として，当時の「諸家人名録」にも名前が出てくる．出身は佐原近郊の旧家の娘だったらしい．至時ら天文台関係者からは期待された存在だったが，彼女にはもっと重要な人生の目的があった——それは，漢詩の道を究めることである．そのために，平穏な生活が送れたはずの忠敬の元を敢えて去っていった．しかし，この時代に女性が漢学の道で自立するのは容易なことではなく，忠敬が亡くなった年と同じ1818年（文政元年），貧窮のうちに病死した．薄幸な生涯を哀れんだお栄の漢学の先生は，彼女の遺稿を集めて『五山堂詩話』と題した漢詩集に収めたと伝えられる．

## 兄弟天文学者

　至時が1800年（文化元年）に死去した後，長男の高橋景保（かげやす）（1785〜1829）が跡を継いで天文方に就任した．景保は若い頃からきわめて優秀で，若干17歳の時に父親の指導で制作した星図「星座之図」は，西洋天文学の知識に基づき歳差の計算を行い，5等級までの星々を記号で区別したわが国で最初の近代的星図だった（それまでの中国，朝鮮，渋川春海の星図はどれも，恒星の明るさをほとんど考慮していない）．天文暦学以外の才能にも恵まれ，1816年（文化13）に間重富らとともに銅版画で出版した『新訂万国全図』は当時，最新の地理学情報を使用し，国際水準に照らしても誇れるほどの世界図だった．今の国会図書館長にあたる書物奉行も兼任した．

　また，1811年（文化8）に，景保は幕府に提案して天文方の中に「蛮書和解御用（わげごよう）」を設立した．これはおもにオランダ語の科学技術書や外交文書の翻訳センターで，有能な翻訳官を輩出した．後に，教育機関の役割も持たせた蕃書調所，洋学所，開成学校へと改組され，明治維新後の東京大学へと発展してゆく．このように天文方筆頭として活躍した景保だったが，1828年（文政13），出島オランダ商館付の医師シーボルトに，当時国外持ち出しを厳禁されていた日本地図を贈った罪で，ある日突然逮捕された．いわゆるシーボルト事件である．逮捕の数か月後，景保は獄舎内で病死したため，彼が心に描いていた最新の星図作成計画などは実現せずに終わった．

　至時の次男は，渋川家天文方に養子入りした渋川景佑（かげすけ）

(1787〜1856) である．至時が始めた『ラランデ天文書』の翻訳を 1836 年（天保 7）に『新巧暦書』として完成させた．また，本格的な西洋天文学に基づいた，江戸時代最後の改暦である天保暦を 1842 年（天保 13）に成功させる．几帳面な性格で，兄の景保と違って天文暦学にのみ集中した．著作の数も多い．天保の改暦に貢献したためだろう，ほかの天文方が浅草天文台に一緒にいたのとは違い，九段坂に渋川天文方だけの天文台を特別に作ってもらった．そこで 13 年間にわたって連続観測した記録が，前例をみない長期間の『霊憲候簿』である．天文データ以外に，天気，気温，気圧なども記録されていて貴重である．景佑は幕末期の主要な天文学者であり，その後明治維新に至るまで，天文方には優れた人材は出現しなかった．

**民間の天文学**

今までに述べてきたのは，おもに専門の学者や幕府天文方の天文学だった．しかし，19 世紀の文化・文政期以降は，文化と経済活動が関西だけでなく江戸にも広がり，庶民の間で天文学に興味を持つ人々も増えてくる．望遠鏡で天体観望をして楽しむことも始まった．

寛政年間の大坂には，多数の望遠鏡製作と販売をビジネスとして成功させた岩橋善兵衛がいた．明治に至るまで四代にわたって望遠鏡を製造したので，岩橋製とわかる望遠鏡は各地に残っている．初代の岩橋善兵衛は，望遠鏡の普及をはかる目的で，京都の医師，橘南谿宅で都の知識人たちを招待して天体観望会を二度にわたって催した．その時の様子を橘

は,『望遠鏡観諸曜記』として書いている．それを読むと，月面や木星，土星，天の川を参加者が望遠鏡でのぞいた時の驚きと興奮がいきいきと感じられる．

　江戸時代のレンズを用いた屈折望遠鏡は，17世紀から幕末まで日本では技術的にはあまり改良されることなく終わってしまった．これに対して，19世紀の天保年間に，屈折望遠鏡よりずっと高度な反射望遠鏡を製作した人物が琵琶湖の近くに現れた．この人は国友藤兵衛といい，長浜の国友村の御用鉄砲鍛治だった．彼は昔に江戸の大名屋敷で見せられた英国製反射望遠鏡を参考に，1834年（天保5），最初のグレゴリー式反射望遠鏡を完成させ（図36），その後も少なくとも4台を製作した．地方在住の一介の鉄砲鍛治が，どのようにして，このような高度な反射望遠鏡を製作できたのかは今もって大きな謎である．倍率が50倍近くもあるこの望遠鏡は，視野は非常に狭いが現在も月面などがよく見える．藤兵衛がこの望遠鏡で行った天体観測のうちで最も注目すべき科学的業績は，13か月間158日に及ぶ太陽黒点の連続観測である．彼はまた，太陽黒点には半影と本影と呼ばれる構造があることを，ヨーロッパ人とは独立に発見した．

　最後に，基礎的な天文学の知識を江戸時代の一般の人に普及させるのに貢献した，"遊歴の天文啓蒙家"について述べよう．その名を朝野北水といい，若い頃は江戸で黄表紙のための小説家だったことがわかっている．北水が出版したある本では，葛飾北斎が挿絵は担当しており，二人は幼なじみだ

図36 国友一貫斎藤兵衛が1834年（天保5）に製作したグレゴリー式反射望遠鏡．総金属製である．近年，重要文化財に指定された．（上田市立博物館 蔵）

った可能性が高い．

　その北水がいつの頃からか，おもに関東地方を遊歴して初等的な天文暦学を人々に教える旅に出た．江戸の深川では，広斉舎と名付けた私塾も開いていた．北水は大きな渾天儀の

模型を用いて天文の講義をした記録が，長野県を中心に各所に残されている．それらのうち，『天象話説紀聞』と題した講義録は，次から次へ多くの人によって筆写され非常に広く流布した．北水が教授する天文学の特徴は，模型や図表をうまく使うことと，人々の日常経験や直観に訴えてわかりやすく説明する点にあった．そのため，多くの聴講者が生まれたのだろう．現代の天文教育の先覚者と呼んでもよい，江戸時代には稀有な人物だった．

（＊1）青木昆陽（1698〜1769）は江戸時代中期の儒者・蘭学者．南町奉行の大岡忠相に取り立てられ，救荒作物であるサツマイモに関する『蕃薯考』を著して吉宗に認められた．吉宗の命でオランダ語の初歩を学び，晩年は幕府の書物奉行にまで昇進した．『解体新書』の翻訳にあずかった前野良沢は，青木昆陽のオランダ語の弟子である．

（＊2）蘭学とは，オランダ語を通して西洋の科学技術や文化を学ぶ学問のことをいう．『蘭学事始』には，初期のオランダ語学習者が誰いうともなく，自然に発生した言葉であると書いている．幕末には，オランダ以外の国々も含めて「洋学」とも呼ばれるようになった．

（＊3）第4章の注記4を参照のこと．

（＊4）当時は天文観測のことを測量といった．現代の意味での測量は，その頃は町見とか量地と呼んでいた．

（＊5）象限儀が円盤の4分の1の円弧を使用するのに対して，六分儀は6分の1の円弧を利用するので，この名が付いた．なお，後世の航海天文用具であるセキスタントも六分儀と訳されているが，ティコの六分儀とはまったく別物なので注意が必要である．

（＊6）江戸時代の不定時法は，夜明けから日暮れまでの昼間を6等分

し，日暮れから翌日の夜明けまでの夜間を6等分した時間を使用していた．この時法では，夏季の昼間の1辰刻の長さは冬季より長く，逆に冬季では夜間の1辰刻の長さがより長く，一定ではないので不定時法と呼ぶ．

（＊7）幕府の身分制では，苗字を名乗り，刀を差す（帯刀）ことを許されたのは武士階級だけだった．しかし実際には，種々の功績があった町民，農民も，苗字帯刀を許可して武士に準ずる者として扱われた．

# エピローグ
# 天文学の明治近代化

　第 7 章では，吉宗が 1720 年（享保 5）に，長崎奉行に対して中国書輸入禁止令の緩和を命じたことを述べた．また第 8 章では，この吉宗が蒔いた種が，西洋天文学に基づく江戸時代天文学の発展へと導いたことを見た．これはひとり天文学に限らない．医学や動植物学，本草学の分野でも，禁書令の緩和から計り知れない恩恵をこうむり，それぞれの学問における底力を蓄えることになった．やがてそれが，明治維新を経て，西欧の科学技術や文明の影響が怒涛のように流れ込んできた時，比較的すみやかに受け容れ，さらに発展させる基盤になったといってよい．それゆえに私は，吉宗の歴史上の最大功績は，禁書令を緩和して西洋の科学技術と文化の摂取を促進し，明治近代化を準備したことだと思うのである．

　至時が『ラランデ天文書』に取り組んでいた時代は，杉田玄白らの医学分野と並んで，天文学は西洋学術の受容という

面で最先端を走っていた．しかし幕末に向かうにつれ，天文方の中の蕃書調所が担当する蘭学・洋学の重要性が増す一方で，天文方本来の役割は急激に低下していった．そして，1868年（慶応4）の明治維新を迎える．大政奉還による幕府の解体と同時に，天文方も消滅した．しかし，混乱の時代でも毎年の暦は発行しなければならない．暦編纂の業務担当は年ごとに変わり，明治改暦の直前は大学南校（東京大学の前身）が担った．1873年（明治6）1月から，それまでの太陰太陽暦である天保暦に替わって，太陽暦が急きょ施行された．海外諸国との外交交渉や科学技術の導入のために避けられない決断だった．

1877年（明治10）には，開成学校と医学校を合併して東京大学が発足する．翌年には大学の理学部の中に，星学科が設けられ，本郷の構内に「観象台」と呼ばれた天文と気象の小さな観測所が落成した．これは，天文学の最初のお雇い外国人教師エミール・レピシエ[*1]らの建議が実った結果だった．1888年（明治20）になると，麻布飯倉に東京大学東京天文台が建設される．

大学における天文学の教育は，初めは米国人教師のトーマス・メンデンホールらが担当した．大学を卒業してパリ天文台に4年間留学していた寺尾寿（1855〜1923）が1883年（明治16）に帰朝してからは，寺尾が東京大学の星学科教授と東京天文台長とを兼任した．これより先，1874年（明治7）に，フランスなどから観測隊が日本に派遣された．12月に起こる「金星の太陽面通過」[*2]という珍しい天文現象を国際協力で観測するのが目的だった．フランス隊には，ジュー

ル・ジャンセンとフェリックス・ティスランという世界的に著名な天文学者が参加していた．日本人はこれら観測隊の仕事を手伝いながら，観測点の本格的な経緯度決定法，電信による遠隔地同士の時計同期[*3]，天体観測における写真術の応用，という近代天文学における重要な基本技術を身につけたのである．

　1884年（明治17），東京大学理学部の星学科は最初の学生を2名受け入れた．その一人が第二代の東京天文台台長になる平山信だった．寺尾がポアンカレやティスランなどによるフランスの理論天体力学を日本にもたらしたのに対して，平山はドイツに学び，当時最先端の天体物理学をわが国に紹介した．寺尾と平山は，1887年（明治19）に那須・白河地方で起こった皆既日食の観測を皮切りに，1898年（明治31）にはインドのボンベイ付近に日食観測隊を派遣した．これは海外に日本が観測隊を送った最初であり，コロナ[*4]の写真撮影に初めて成功している．平山はまた，麻布の東京天文台でブラッシャー天体写真儀という望遠鏡を使って，わが国初めての小惑星を2個発見した．この新小惑星は後に，天文学の国際組織からTokio(498)とNipponia(727)と命名された．これらは，小惑星に日本関係の名前がついた最初である．

　1884年（明治17）には，米国ワシントンで万国子午線会議が開催され，日本からも東京大学理科大学の菊池大麓（だいろく）が代表として派遣された．この会議によって，それまで各国でまちまちだった経度の基準点が，英国グリニッジ天文台の子午線を本初子午線とすることが議決された．その結果，日本の

エピローグ　天文学の明治近代化

経度原点は兵庫県明石に置かれ，世界時と日本の標準時との差，つまりグリニッジと日本との経度差は9時間（135度）と定められたのである．

　精密な日本標準時は，恒星を観測して決め，それを社会に通報する．これを保持・報時と呼ぶ．東京天文台がこの保持・報時の業務を受け持った．そのため，この頃の東京天文台のおもな業務と研究は，いわゆる古典天文学と呼ばれた分野が大部分を占めていた．そうしたなかにあって，異色だったのは一戸直蔵である．彼は1903年（明治33）に星学科を卒業した後，米国のヤーキス天文台に私費留学をした．そこで，当時米国では勃興期にあった巨大望遠鏡による「天体物理学」[*5]の観測天文学を日本人として初めて体験したのである．帰国後も，これからは天体物理学の研究が重要であることを力説して，一戸自身は変光星の観測を中心に活発に研究活動を行った．海外の学術雑誌にも頻繁に論文を発表した．しかし，東京天文台の運営方針をめぐって台長の寺尾と意見が対立し，最後は一戸が天文台を去ることになった．

## 木村栄のZ項

　日本人の天文学者で最初に国際的に評価された研究を行ったのは，木村 栄（1870〜1943）である．木村は寺尾の学生として1892年（明治25）に東京大学の星学科を卒業した．1880年に，「極運動」と名付けられた現象が発見されていた．それは，地球の自転軸と楕円体である地球の形状軸とが完全に一致していないために起こる現象で，恒星を用いて緯度観測をするとごく微小な緯度の変化として現れる．この極

運動を国際協力で研究するため,日本も岩手県の水沢に緯度観測所が文部省によって設立された.木村はこの所長として赴任した.日本の観測が欧米の観測結果と合わない理由などを究明しているうちに,1902年(明治35),木村が「Z項」[*6]と命名した新たな極運動の成分を発見する.この発見は一躍世界の天文学界から注目を浴びた.この功績により,木村は第1回の文化勲章や英国天文学会のゴールドメダルを授与され,水沢観測所と木村の名前は,世界ばかりでなく,日本の一般社会にまで知られるようになった.

## 平山清次と小惑星の族

この時代の日本天文学で国際的に注目されたもう一つの研究業績は,平山信と同時期に星学科の教授を務めた平山清次による「小惑星の族」の発見だった.木村より星学科の4年後輩である.米国に留学する以前は,樺太(サハリン)における日露国境線の確定事業など,位置天文学や測地学[*7]の研究に携わっていた.1911年(明治44)に東京大学から理学博士の学位を取得した後,米国のイェール大学に留学する.そこの指導教授,E・W・ブラウンの示唆で小惑星の力学研究に取り組み始めた.

1918年(大正7)になって,米国天文学会の学会誌に,"共通の起源を持つ小惑星のグループ"という題の論文を発表した.これが,「小惑星の族」の発見である.小惑星の軌道を特徴付ける軌道要素という量が,共通な値を持つ小惑星は大きな母天体から分裂して生じたことを,高度な天体力学理論を駆使して証明したのだった.しかし,小惑星の族の真

の意義は，国際的にもなかなか理解されず，族が小惑星同士の衝突によって生まれたことが広く認められるようになるのは，平山清次が死去した 1943 年（昭和 18）以降である．現在では小惑星の族は，小惑星だけに留まらず，太陽系の起源や惑星の形成などにも関係する，惑星科学における重要な概念として広く研究されるようになっている．

### 東京天文台の三鷹移転

1923 年（大正 12）9 月 1 日，関東大震災が発生した．東京は大被害を受け，東京天文台の観測装置も壊滅的な被害をこうむった．そのため，麻布の東京天文台は，三鷹村の大沢へ移転した．三鷹では麻布の約 50 倍，10 万坪の敷地を購入することができ，麻布では不可能だった念願の大型天文観測設備を導入することができた．その一つは口径 65 センチメートルの大屈折赤道儀望遠鏡である．もう一つは，アインシュタイン塔と呼ばれた特殊な観測施設で，元はドイツでアインシュタインの一般相対性理論を検証するために建造された．三鷹のものはその姉妹機である．太陽の光を地下の暗室に導き，高分散の分光器で太陽スペクトルの微細構造を調べる装置からなっている．これら二つの大型施設は当初の期待に反して，結局は目立った天文学的成果をあげることなく終わってしまった．

世界的傾向として，19 世紀後半から天体物理学の研究が欧米を中心に発展してくる．天体の位置や運動を扱う古典天文学から，天体の物理的特性を分光学などの手段で調べる天体物理学への転換である．東京大学と東京天文台でも，一戸

直蔵ら一部が天体物理学研究を行ったが，少数派に留まった．数量的に見ると，1920年代まで全体の研究論文数に対して，天体物理学の論文は10％に満たなかった．1930〜40年代はその比率が，おそらく太平洋戦争の影響で30〜40％に急増したが，それでもまだ主流になるにはほど遠かった．

　日本で天体物理学の研究が台頭してくるのは，第二次世界大戦が終了してからしばらく待つ必要があった．なお，大学に天文学の学科が設けられたのは東京大学だけではない．京都大学の宇宙物理学科は，1918年（大正7）に発足した．東北大の場合はだいぶ遅く，天文学教室として独立するのは1934年（昭和9）からである．両大学とも当初から天体物理学の研究と教育に重点を置いていた．


（＊1）パリ天文台の天文学者だったエミール・レピシエ（1826〜1874）は，中国で4年間を過ごした後，1872年（明治4）に来日した．翌年，東京開成学校（東京大学の前身）で数学や力学を教え，明治天皇に天文学の講義も行った．1874年から正式に東京開成学校の教授として天文学のクラスを受け持ったが，数か月で急病になり，間もなくフランスに帰国して死去した．近代的天文台の建設や，大学における初期の天文学教育制度の整備に貢献した．

（＊2）金星の太陽面通過とは，金星が太陽と地球との間を横切る時に起きる，金星による日食の一種である．約100年ごとに起きる珍しい現象で，太陽円盤とその上を通過する金星像との位置関係を測定することによって，「太陽視差」，つまり太陽と地球との平均距離（「天文単位」と呼ぶ）を精密に決定できると期待されたため，世界中の天文学者が注目した．

（＊3）天文観測では2地点間の経度差を求めることに重要な意味がある．そのためには，この2地点でよく同期のとれた時計を持つことが必

要だが，従来はこれがなかなか難しかった．電気は電線の中を光速に近い速度で伝わるため，電信線を利用することで2点間の時計の同期が非常に正確にできるようになった．

（＊4）太陽コロナとは，太陽本体の周囲を取り巻く非常に高温の電離した希薄な大気のことである．皆既日食の時だけ見ることができる．後にコロナグラフが発明されてからは，常時コロナの観測が可能になった．

（＊5）天体の位置や運動を研究する従来の天文学を古典天文学と呼ぶのに対して，天体の明るさ，スペクトルなどを研究する天文学を天体物理学という．1850年頃から盛んになってきた．天体の微弱な光を観測する必要があるため，大望遠鏡の出現とともに天体物理学も発展してきたといってよい．

（＊6）コラム1の注記8を参照のこと．

（＊7）測地学とは，地球の精密な大きさと形状，およびその上での重力の分布などを決める学問のこと．

# 謝　辞

　本書の企画段階でご意見とアイデアをいただいた，東京大学名誉教授の岡村定矩さんと中田好一さん，翻訳家の後藤真理子さんに感謝する．バンドン工科大学のスハルジャ・ヴィラミハルジャ教授には，インドネシアの天文学史について資料を提供いただき有難かった．吉宗関連の資料をご教示下さった佐藤利男氏にも感謝する．最後になったが，本書の執筆を勧めてくださった丸善出版編集部の堀内洋平さんにもお礼を述べたい．

# 参考文献

**全　般**

日本学士院日本科学史刊行会 編,『明治前日本天文学史』, 臨川書店, 1979年

広瀬秀雄 著,『天文学史の試み―誕生から電波観測まで』, 誠文堂新光社, 1981年

中山茂 編,『天文学史』, 恒星社, 1982年

中山茂 編,『天文学人名辞典』, 恒星社, 1982年

東京大学附属図書館所蔵資料展示委員会 編,『日本の天文学の歩み：世界天文年2009によせて～東京大学附属図書館特別展示資料目録』, 東京大学附属図書館, 2009年

中村士・岡村定矩 著,『宇宙観5000年史―人類は宇宙をどうみてきたか』, 東京大学出版会, 2011年

マイケル・ホスキン 著, 中村士 訳,『西洋天文学史』(サイエンス・パレット 005), 丸善出版, 2013年

**第1章**

B・ファリントン 著, 出隆 訳,『ギリシヤ人の科学―その現代への意義』上下巻, 岩波新書, 1955年

プトレマイオス 著, 薮内清 訳,『アルマゲスト』上下巻, 恒星社厚生閣, 1958年

鈴木秀夫 著,『森林の思考・砂漠の思考』, NHK出版, 1978年

オットー・ノイゲバウアー 著, 矢野道雄・斎藤潔 訳,『古代の精密科学』, 恒星社厚生閣, 1984年

**第2章**

矢野道雄 責任編集,『インド天文学・数学集』(科学の名著1), 朝日出版社, 1980年

第3章
薮内清 著,『中国の天文暦法』,平凡社,1969年
薮内清 責任編集,『世界の名著 中国の科学』,中央公論社,1975年
大崎正次 著,『中国の星座の歴史』,雄山閣出版,1987年
ジョゼフ・ニーダム 著,礪波護ほか 訳,『中国の科学と文明 第5巻 天の科学』,思索社,1991年
杜石然ほか 編著,川原秀城ほか 訳,『中国科学技術史』上下巻,東京大学出版会,1997年

第4章
全相運 著,『韓国科学技術史』,高麗書林,1978年
全相運 著,許東粲 訳,宮島一彦・武田時昌 校訂,『韓国科学史―技術的伝統の再照明』,日本評論社,2005年
H. Selin, "Astronomy Across Cultures: The History of Non-Western Astronomy", Springer, 2000

第5章
神田茂 編,『日本天文史料綜覧』,原書房,1978年
斉藤国治 著,『星の古記録』,岩波新書,1982年
斉藤国治 著,『定家「明月記」の天文記録―古天文学による解釈』,慶友社,1999年

第6章
海老澤有道 著,『南蛮学統の研究―近代日本文化の系譜』,創文社,1958年
日本学士院日本科学史刊行会 編,『明治前日本天文学史』,臨川書店,1979年

第7章
大崎正次 編,『天文方関係史料:神田茂先生喜寿記念』,私家版,1971年
渡辺敏夫 著,『近世日本天文学史』上下巻,恒星社厚生閣,1987年

第8章
有坂隆道 編,寛政期における麻田派天学家の活動をめぐって―「星学手簡」の紹介,『日本洋学史の研究5』,創元社,1979年
渡辺敏夫 著,『近世日本天文学史』上下巻,恒星社厚生閣,1987年
中村士 著,『江戸の天文学者 星空を翔ける―幕府天文方,渋川春海から伊能忠敬まで』,技術評論社,2008年

エピローグ
日本天文学会百年史編纂委員会 編,『日本の天文学の百年』,恒星社厚生閣,2008年

# 図の出典

図1
鈴木秀夫による『気候と文明・気候と歴史』の図（1978年）に基づく．

図2
John North, "Cosmos", p.47, Fig.30, University of Chicago Press, 2008

図6
Museum of the History of Science, Oxford

図7
© Jose Fuste Raga/AFLO

図8
H. Selin (ed.), "Encyclopaedia of the history of science, technology, and medicine in non-Western cultures", Springer, 2008

図9
John North, "Cosmos", p.135, Fig.72, University of Chicago Press, 2008

図10
国立天文台 編，『理科年表平成18年』，丸善出版，2005年

図11
国立天文台 編，『理科年表平成18年』，丸善出版，2005年

図12
松丸道雄・高崎謙一 編，『甲骨文字字釈綜覧』，東京大学出版会，1994年

図14
明治大学図書館 蔵

図16
© ZUMA Press/AFLO

図18
『中国科学技術典籍通彙』，第7巻，河南教育出版社，1999年

図19
壁画古墳の星図：薮内清，『天文月報』，Vol.68, No.10，日本天文学会，1975年

図20
© AFLO

図21
明治大学図書館 蔵

図23
H. Seline (ed.): Astronomy across cultures: The history of non-Western cultures, Kluwer Academic Publ., 2000

図24
壁画古墳の星図：薮内清,『天文月報』, Vol.68, No.10, 日本天文学会, 1975年

図25
法隆寺 蔵

図26
大崎正次,『中国の星座の歴史』, 雄山閣出版, 1987年. 原図は焼失, その写真の原版も行方不明

図27
「二儀略説」の解題：広瀬秀雄,『近世科学思想（下）』, 岩波書店, 1971年

図28
「二儀略説」の解題：広瀬秀雄,『近世科学思想（下）』, 岩波書店, 1971年

図29
中 山 茂：A History of Japanese Astronomy, Harvard Univ. Press, 1969

図30
国立天文台 蔵

図31
松尾美恵子,『日本歴史』, 2014年6月号

図32
H. J. Zuidervaart, "Van 'Konstgenoten en Hemelse Fenomenen", p.336, Erasmus Publishing, 1999

図33
『中国科学技術典籍通彙』, 第7巻, 河南教育出版社, 1999年

図34
国立天文台 蔵

図35
国立天文台 蔵

図36
上田市立博物館 蔵

# 用語集

**改暦** こよみ(カレンダー)を作成するための天文学的な計算規則を暦法という．天文観測に基づいて暦法を改良することが改暦である．

**仮名暦** 仮名で書かれた日本のこよみ．現存するものでは15世紀のものが最も古い．おもに庶民が使用する目的で作られ，江戸時代には，出版された地域によって，江戸暦，伊勢暦などと呼ばれた．

**干支** 古代中国の暦で使用された，日数などを数える順序数のことで，「えと」とも呼ぶ．甲，乙，丙，丁，……の十干と，子(ね)，丑(うし)，寅(とら)，卯(う)，……の十二支を順次組み合わせて作られ，甲子，乙丑，丙寅，……，癸亥の60種類がある．そのため，六十干支ともいう．

**具注暦** 日本の朝廷の陰陽寮が作成した全文が漢字で書かれた暦．奈良・平安時代の貴族に配られ，日記としても利用された．暦に関する年月日，干支，二十四節気などと，暦注と称する迷信が記されていた．

**黄道** 太陽が天球上を運行する道筋のことで，天の赤道とは23.5度の角度で交差している．天体が三次元空間内を運動する道筋は軌道と呼ばれる．

**黄道12宮星座** 天球上の黄道に沿って，ほぼ等間隔で配置された12個の星座のことで，その原型は古代バビロニアで誕生した．おもに占星術のために考案された．

**渾天儀** 古代の人々は，天体はみな天球上に貼り付いていると考え

ていた．この説に基づいて天の丸い模型を複数の環を組み合わせて作り，これを利用して天体の位置（緯度，経度）を測定する天文観測装置のことを渾天儀と呼ぶ．古代ギリシアと古代中国で独立に考案されたらしい．

**歳差** 地球の自転軸の方向，つまり天の赤道の北極が，黄道の極の周りをゆっくり，コマの首ふり運動のように回転する現象を，歳差運動と呼ぶ．回転の周期は約2万6000年である．歳差のために，赤道を基準に測った星の緯度・経度は年代とともに少しずつ変化してゆく．

**自然暦** 天文観測によって暦が作られる以前に，動植物の季節による振る舞いの観察から経験的に発生した暦のことを自然暦，特に農業に関係する現象を集めた暦を農業暦と呼ぶ．

**周転円** 惑星の動きに「留」や「逆行」が見られることを説明するために，古代ギリシアで考え出された円運動の一種．惑星はこの周転円の上を一様速度で動き，この周転円の中心はより大きな導円の上を一様回転すると考えた．

**新星現象** 星がまったくなかった空の一角に，突然明るい星が輝き出す現象のこと．新星の発見がきっかけで，全天の恒星リストが作られたり，天上界は永久不変であるとするアリストテレス自然学の教えに疑いの目を向けさせる原因になった．

**占星術** 個人の誕生日の日時に，太陽・月や惑星が天球上のどの星座にいたかでこの人の運命を占う技術のこと．もちろん迷信であるが，古代には天文学を発達させる一つの要因にもなった．

**太陰暦** 月の満ち欠けの周期（朔望月という）を1か月として日を数えるこよみのことで，最古の暦は太陰暦だったと考えられる．満ち欠けの平均周期は約29.53日であるため，1年を12か月とすると，太陰暦の月日は季節と関係なく次第にずれてゆく．現在では，イスラム教の宗教行事などに用いられているに過ぎない．

**太陰太陽暦** 月の満ち欠けの周期と，季節変化の周期の両方を考慮して作られたこよみで，古代世界の大部分で使用されたこよみは太陰太陽暦だった．両者の周期はお互いに整数比にはなっていな

いから，1年が12か月の暦を使い続けると，暦の上の季節と実際の季節がずれてしまう．このため，数年に1回，閏月を入れてこのずれを調整した．太陰太陽暦では，常についたち（1日）は新月，15日は満月になる．

**太陽暦** 季節変化の周期（平均365.2422日）だけを利用して作られたこよみで，現在私たちが使っているカレンダーである．古代エジプトで最初に考案され，ローマ帝国が後に採用した．平年が365日で，4年毎に366日の閏年を入れる．

**地動説** ポーランドのコペルニクスが1543年に発表した，地球が太陽の周囲を回るという説（太陽中心説ともいう）．地動説の直接的証拠である星の年周視差が検出されたのは，ようやく19世紀になってからである．

**置閏法** 太陰太陽暦において，閏月をどの年に入れるか（この年は13か月になる）を決めるための暦法上の数学的規則．13年に7回閏月を入れればよいという法則は，古代バビロニアと古代中国で発見された．

**定時法** 季節や昼夜によらず，常に一定の時間間隔を用いる時刻制度のことで，現在私たちが普通に使っている時計が示す時刻である．

**天球** 古代人は，太陽・月，惑星，星々までの距離はわからなかったので，すべての天体はみな巨大な丸天井に貼り付いていると考えた．この丸天井が天球である．現在でも，観測者から見た天体の見かけの方向だけを問題にする天文学を球面天文学と呼び，その計算には球面三角形の数学を用いる．

**天体物理学** 惑星や星々の位置や動きではなく，明るさ，色，スペクトルなどを観測研究する天文学を天体物理学という．その結果から，物理法則を適用して天体の温度，密度，気圧や物質組成などが推定できる．天体物理学の研究は19世紀の後半から盛んになった．

**天動説** 地球中心説ともいい，われわれの住む地球が宇宙の中心にあって静止しているとする説．古代ギリシアで誕生し，アリスト

テレス自然学やキリスト教世界観に取り入れられた．コペルニクスが地動説を発表した後も，ヨーロッパでは伝統的な宇宙観として長く信じられた．

**導円** 古代ギリシアで生まれた惑星の運動モデルに出てくる円運動の一種．惑星の見かけの複雑な運動を説明するため，惑星は小さな周転円の上を回り，この周転円の中心が大きな円の上を一様回転するとギリシア人は考えたが，この大きな円のことを導円と呼ぶ．

**同心球宇宙** 古代ギリシアで生まれた宇宙観のうち，最も初期のモデル．太陽・月，惑星と星々は，地球を中心としてそれぞれ半径が異なる天球（同心球宇宙）上に貼り付いて天を回転すると考えた．惑星の場合，その明るさの変化と，火星や金星の逆行運動を説明できないのが欠点だった．

**南蛮天文学** 16 世紀中頃から日本にやってきたポルトガル人，スペイン人を，当時は南蛮人と呼んだ．南蛮人のキリスト教宣教師が布教の目的で日本人に教えた西洋天文学を南蛮天文学という．徳川幕府による鎖国政策のために，17 世紀後半には南蛮天文学の内容の多くはほとんど忘れ去られた．

**年周視差** もし地球が太陽の周囲を 1 年かけて 1 周するのなら，太陽をはさんで地球がその軌道直径の反対側に来た時には，恒星は視差のために位置が少し違って見えるはずである．これを年周視差という．年周視差は地動説の最も直接的な証拠として，長年にわたって検出する試みが続けられた．

**二十四節気** 太陰太陽暦では，閏月のために暦の上での季節と実際の季節とが 1 か月以上もずれる場合がある．これは，季節に敏感な農業などには不便なため，中国の漢の時代に 1 年を 24 の節気に分割して，立春，春分など 24 個の季節の目印を設けた．

**二十八宿** 宿とは星宿（星座）のことである．おもに天球上の月の位置を示すために，おおよそ黄道に沿って 28 個の星宿を定め，二十八宿と呼んだ．二十八という数は，月が星々の間を 1 周する平均周期が約 27.3 日であることからきている．二十八宿の名前は，

参宿，昴宿など，すべて1字である．

**日周運動**　太陽・月，惑星，星々が東の地平線から昇って西の地平線に沈む動きを日周運動という．古代ギリシアの天文学者は，これは天体の真の運動ではなく，地球が自転するために起こる見かけの運動に過ぎないことをすでに見抜いていた．

**ノーモン**　古代中国では「表」と呼んだ．水平面に垂直な棒を立てて，太陽の影の長さを測定するための最も初期の天文観測装置．どの古代文明でも使用された．こんな簡単な装置でも，精密な東西南北の方位，年間を通じての太陽の動きや，その地点の緯度を測定することができた．

**ヒライアカルの出現**　金星やシリウスなどの明るい天体が，日の出前に太陽とほぼ同時に東の地平線上に昇ってくる現象のこと．この観察によって，季節変化の周期，つまり1年の長さを精密に測定することができた．また，農作業の時期を知るための農業暦としても利用された．

**不定時法**　定時法で動く機械時計が普及する以前は，夜明けから日暮れまでの昼の時間を6等分し，日暮れから翌日の夜明けまでの時間を6等分した時刻制度が，東アジアでは古代から広く使用された．この時間単位（1辰刻）は，昼夜によっても季節によっても長さが異なるので，不定時法と呼ばれる．

**離心円**　太陽・月，惑星が天を1周する動きは一様ではない．また，惑星の明るさが時期によって変化するのは，地球からの距離が変わるためと古代ギリシア人は考えた．これらを説明するモデルとして最初に考案されたのが離心円だった．地球は天体の円運動の中心に位置するのではなく，少し中心から離れた点にいると考えた．

# 索 引

**あ 行**

靉靆（あいたい） 136
アインシュタイン塔 198
浅草天文台 183
麻田剛立 173
麻田派天文学者 173
朝野北水 189
アスタナ古墳 100
『アストロノミ』 180
アストロラーベ 35, 122, 125, 161
アダム・シャール 60, 67
安倍家 108, 111
安倍泰世 113
アポロニウス 18
天の川 138
アリストテレス 15, 19, 124
『アルマゲスト』 20, 21, 33
アールヤバタ 30
『アールヤバティーヤ』 30
アレキサンドリア 18, 20
安藤有益 146
池田好運 122
一戸直蔵 196
移動年 8
緯度観測所 94, 197
井上筑後守 128, 138
伊能忠敬 184
岩橋善兵衛 188
殷墟 41
インディアン・サークル 34
『殷暦譜』 43
ウィットフォーゲル 49
『ヴェーダンガ・ジョーティシャ』 38
ウク暦 92
雨水 46
『有徳院様暦数御尋之御筆』 158
『ウラノメトリア』 86
閏月 10, 25, 43, 44, 45, 62
閏年 9
ウルシス 143
エカント 20
エーテル 15, 131
『淮南子』 54
エパゴメン 8
『遠鏡説』 67
遠心力 172
遠地点 31, 129
王恂 64
『王の天文書』 32
大崎栄 186
岡本三右衛門 128
オランダ式望遠鏡 137
オリオン年 87
陰陽師 104, 119
陰陽博士 104
陰陽寮 104, 110

**か 行**

回々暦 80

外規　　101
蓋天説　　54
改暦　　147, 167
改暦宣下　　148
郭守敬　　64, 80
かに星雲　　111
カプタイン，J・C　　92
カマール　　65
賀茂在昌　　126
過洋牽星図　　65
ガリレイ，ガリレオ　　67, 137
川谷貞六　　174
簡儀台　　80
干支　　42, 106
観象授時　　51
観象台　　194
環状列石　　98
『漢書律暦志』　　46
寛政の改暦　　177
寛政暦　　178, 179
『寛政暦書』　　178, 181
簡天儀　　159
甘徳　　58
カント・ラプラスの星雲説　　172
観勒　　73, 103
キアラ，ジュゼッペ　　128
菊池大麓　　195
『儀象考成』　　68
キトラ古墳　　100, 102
儀鳳暦　　108, 110
木村栄　　94, 196
客星　　52, 111
逆行運動　　17
『九執暦』　　115
旧法星図　　81
球面三角法　　32, 147
球面天文学　　55
仰釜日晷　　83

享保日本図　　157
極運動　　196
極円　　82
距星　　78
近日点　　152
禁書令　　141
金星の太陽面通過　　194
近地点　　16, 129
欽天監正　　67
虞喜　　56, 57
楔形文字　　10
具注暦　　108, 118
瞿曇悉達（クドンシッタ）　　115
クリッティカー　　25
グリニッジ天文台　　195
グレゴリオ暦　　9, 109
グレゴリー式反射望遠鏡　　189
ケイセル　　86
啓蟄　　46
ケイト（計都）　　39, 115
圭表　　150
景符　　150
ケイル，ジョン　　171
ケーグラー　　68, 81, 176
夏至　　88
月食　　19
ケプラー　　176
元嘉暦　　108, 110
『乾坤弁説』　　129, 133
『元和航海書』　　121
航海天文学　　122
甲骨文　　42, 48
広斉舎　　190
格子月進図　　112
恒星年　　56, 79
黄道　　11, 44, 60, 81, 101
黄道12宮星座　　11, 29, 38
『江府日景』　　161
古観象台　　67

古代エジプト文明　6
『五大天文学書綱要』　26, 29, 32
『刻白爾天文図解』　173
固徳王保係　72, 103
小林謙貞　130, 138, 146
コペルニクス　119, 170, 173
五芒星　118
ゴメス，ペドロ　123
暦　6
ゴンサロ，マノエル　122
渾天儀　18, 34, 60, 149, 159
渾天説　54, 55
『渾天全図』　82
混沌分判図説　172
『坤輿万国全図』　66

## さ　行

歳差　7, 8, 19, 33, 56, 57, 68, 129
斎藤国治　110
サカ暦　91
朔望月　10, 31, 79
サクロボスコ　124
ザビエル，フランシスコ　120
サロス周期　11
沢野忠庵　128
三角関数　27, 29
三家星座　150
三家星図　58
三家簿讃　113
竺可禎　48
自撃漏　84
時憲暦　67, 80, 158, 168
子午線儀　181
視差　171
自然暦　5
四大　129, 131
『七政算内篇』　79
『時中暦』　174
志筑忠雄　171

10進法　27
司馬江漢　172
渋川景佑　175, 180, 187
渋川春海　144, 149, 152, 187
渋川昔尹　150
四分暦　45, 57, 62
シーボルト　187
ジャンセン，ジュール　194
十九年七閏の法　10, 43, 44, 62
『修正宝暦甲戌元暦』　163
周転円　17, 20, 31, 176
『周髀算経』　54, 110
秋分点　19
宿命占星術　11
『授時発明』　147
授時暦　64, 79, 146, 152, 158
須弥山　24, 115
受命改制　52
春分点　19, 56, 57
貞享暦　149, 158, 167
象限儀　181, 186
招差法　64
消長法　64, 148, 174
章法　44
小惑星　195
小惑星の族　197
書雲観　76
徐昴　144
徐光啓　60, 67
ジョーティシャ　38
『ジョーティシャ・ヴェーダーンガ』　25
シリウス　8
シリウス年　9
シルレ，アントン・マリア　162
シルレ型望遠鏡　162
『新儀象法要』　58, 114
『壬癸録』　150

『新巧暦書』　188
新星　19, 52
『新訂万国全図』　187
新天文台　159
新法星図　81
水運儀象台　62, 84
彗星　75
垂揺球儀　181, 182
『崇禎暦書』　60, 176
宿曜道　114
鈴木秀夫　4
ステレオ投影法　84
ストーンヘンジ　97
スピノラ, カルロ　123
スペンス, ケイト　7
『星学手簡』　175, 186
星座之図　187
星宿　52
世宗　78
星表　19, 57, 68
『石氏星経』　57, 60
石申　57
関孝和　147, 157
赤道西風　3
『赤道南北両総星図』　60
Z項　94, 197
セーリス, ジョン　136
ゼロの発見　27
先事館　174
占星術　37, 114
占星台　105
瞻星台　73, 105
宣明暦　108, 118, 144
宣夜説　54, 55
宋以頴　84
測午表　159
蘇州天文図　58, 78
蘇頌　58, 62
ソチス年　9

た　行

太陰太陽暦　10, 43, 45, 62, 67, 79
太陰暦　90
『大越史記全書』　85
大衍暦　64
大屈折赤道儀望遠鏡　198
太初暦　52
太史令　58
戴進賢　68, 81, 176
大統暦　148
大日本沿海輿地全図　184, 185
太陽運行表　19
太陽黒点　75, 189
太陽年　26, 31, 56, 79, 174
太陽暦　8, 122
楕円運動理論　176
高橋景保　180, 187
高橋至時　175, 183, 186
高松塚古墳　99
建部賢弘　157
橘南谿　188
谷秦山　150
丹元子　58
『地球全図略説』　172
地球の大きさ　184
置閏法　31, 45
千々石ミゲル　124
地動説　170
長期暦　29
町見術　155
張衡　55, 61
超新星　111
陳卓　58
土御門家　108
土御門泰邦　168
ディアズ, マヌエル　67
定朔法　64
定時法　182

216

ティスラン,フェリックス 195
鄭和 65
『テトラビブロス』 26
寺尾寿 194
『天学初函』 141
天球論 124, 131
『天経或問』 142, 168
天正少年使節 124
天象列次分野之図 76, 78, 81, 101, 150
『天象話説紀聞』 191
天体物理学 198
『天地二球用法』 171
天動説 129, 170
天人相関説 52
『天変謄録』 75
天保の改暦 188
天文遺跡 97
天文方 183
『天文義論』 130
『天文瓊統』 151
『天文成象』 150
『天文大成管窺輯要』 151
天文定数 31
天文時計 84
天文年代学 43
天文博士 104
『天問略』 67, 141
導円 17, 20, 31, 176
等級 21
東京大学 187
東京天文台 194, 198
董作賓 43
冬至 88, 152
冬至点 57
湯若望 67, 80
同心球宇宙 13, 14, 129
同心球宇宙モデル 55

導線法 184
遠眼鏡 136
時の鐘 182
『徳川実紀』 157
徳川吉宗 154, 163
都市革命 3
鳥越の富士 183
トレミー 20, 21, 26, 29, 35, 80, 82, 87, 124

## な 行

内規 101
長崎天文学派 173
中根元圭 158, 167
中野柳圃 171
ナクシャトラ 24, 39
南懐仁 68
南蛮人 119
南蛮天文学 123, 142
『二儀略説』 131, 132, 138
西川如見 130, 159
西川正休 159, 164, 168
20進法 29
西村遠里 168
二十四節気 44, 45, 51, 107
二十八宿 24, 53, 57, 58, 72, 78, 99, 100, 113
日周運動 13
日食 19
『日本国見在書目録』 109, 113
農業革命 2
農業暦 5, 13
ノーモン 33, 54, 62, 87

## は 行

バイエル,ヨハン 86
白道 19, 61, 113
間重富 175
林吉右衛門 130

索 引 217

林羅山　125
パリ天文台　194
万国子午線会議　195
蕃書調所　187, 194
蛮書和解御用　187
樋口権右衛門　131
ピタゴラス学派　13
ヒッパルコス　18, 21, 29, 35, 57, 59
日時計　83
ヒプシサーマル期　2, 3, 48, 50, 85
百刻環　150
表　54, 152
ヒライアカルの出没　8, 12
ピラミッドの方位　7
平山信　195
平山清次　197
フェルビースト，フェルディナンド　68, 181
フェレイラ，クリストファン　128
巫咸　58
不干斎ハビアン　125
藤原定家　110, 114
藤原佐世　109
不定時法　182
符天暦　114
舞踏塚古墳　72
ブラーエ，ティコ　82, 171, 176, 181
プランシウス　86
振り子時計　182
プレアデス星団　25, 87
『文献備考』　73
平均太陽年　9, 10
ヘシオドス　12
ベンチェット　88
ホイヘンス　182

望遠鏡　150
『望遠鏡観諸曜記』　189
宝暦甲戌元暦　169
卜占　110
保科正之　147
ボスカ天文台　93
北極星　7
堀田正敦　177
『歩天歌』　58
ポルトラノ海図　123
ホロスコープ　151

## ま 行

松平定信　177
マンタル・ジャンタル　37
三浦梅園　174
三島暦　118
水時計　33
蜜　108
『御堂関白記』　109
南十字星　87
宮地政司　94
向井元升　129
『明月記』　110
明治改暦　194
メンデンホール，トーマス　194
本木良永　170
森仁左衛門　162

## や 行

安井算哲　145
薮内清　99
山崎闇斎　145
山路主住　168
『大和暦』　148
熊三抜　143
游子六　142
ユードクソス　13

ユリウス暦　9
陽瑪諾　67

## ら 行

『礼記月令』　46
ラフ（羅候）　39, 115
ラマダン　90
ランデ，ジェローム　180
『ラランデ天文書』　180, 188, 193
『ラランデ暦書管見』　179
『蘭学事始』　170
里差　148
離心円　16
離心率　18
李成桂　76
リッチ，マテオ　66, 123
リッパヘイ，ハンス　136, 139
利瑪竇　66
麟徳暦　110
『霊憲』　55
『霊憲候簿』　188
霊台　62

『霊台儀象志』　68, 181
『暦算全書』　167
『暦象考成』　81
『暦象考成 後編』　81, 175, 177, 184
『暦象考成 上下編』　175
『暦象新書』　172
暦注　108
暦博士　104
レピシエ，エミール　194
漏刻　105
漏刻博士　104
60進法　10, 28
六分儀　181
ロードス島　18

## わ 行

『和漢三才図絵』　143
ワクル　87
渡辺敏夫　145
和田雄治　73
和時計　182

著者紹介
**中村　士（なかむら・つこう）**
理学博士．東京大学理学部天文学科卒業，同大学大学院理学系研究科修了．東京天文台（現在の国立天文台）に入所，NASAのスペーステレスコープ科学研究所研究員（1984～85年）などを経て，2007年に国立天文台を定年退官．2008～14年，帝京平成大学教授．専門は太陽系小天体の研究と江戸時代の天文学史．著書に『江戸の天文学者 星空を翔ける―幕府天文方，渋川春海から伊能忠敬まで』（技術評論社，2008），『宇宙観5000年史―人類は宇宙をどうみてきたか』（東京大学出版会，2011，共著）などがある．

サイエンス・パレット 020
東洋天文学史

平成26年10月30日　発行

著作者　　中　村　　　士

発行者　　池　田　和　博

発行所　　丸善出版株式会社

〒101-0051 東京都千代田区神田神保町二丁目17番
編集：電話(03)3512-3265／FAX(03)3512-3272
営業：電話(03)3512-3256／FAX(03)3512-3270
http://pub.maruzen.co.jp/

Ⓒ Tsuko Nakamura, 2014

組版印刷／製本・大日本印刷株式会社

ISBN 978-4-621-08862-3　C0344　　　　Printed in Japan

本書の無断複写は著作法上での例外を除き禁じられています．